Lebensraum Berge Seite 156

Alpenschneehuhn, Alpensegler, Steinrötel, Mauerläufer und Steinadler sind Charaktervögel des Hochgebirges und bei uns in Mitteleuropa fast ausschließlich in den Alpen zu beobachten.

Lebensraum Siedlungen

In menschlicher Nähe brüt
aus allen oben genannter
Deshalb werden diese Arten
Siedlungen“ noch einmal im B
mit Verweis auf die Seite der aus
Beschreibung.

Katrin und Frank Hecker

Kosmos Vogelführer für unterwegs

KOSMOS

Die Vogelsymbole

Innerhalb der einzelnen Lebensräume finden Sie die Vögel stets in der Reihenfolge ihrer Verwandtschaft. Das heißt von den Hühnervögeln über die Greifvögel, Watvögel, Tauben und so weiter bis hin zu den Singvögeln. Die Symbole oben links im Farbcode helfen bei der Bestimmung und der Zuordnung zu den einzelnen Gruppen.

Hühnervögel: Hühner sind mit ihren kräftigen Beinen gute Fußgänger.

Greifvögel: Ein kräftiger Hakenschnabel, spitze Krallen und gute Augen sind wichtige Voraussetzungen für ihre Jagd auf Beutetiere.

Watvögel: Watvögel werden auch Limikolen genannt, was so viel bedeutet wie Sumpfbewohner. Mit ihren Schnäbeln stochern sie im Schlamm nach Essbarem.

Tauben: Die häufig grau gefärbten Vögel mit dem kräftigem Rumpf bewegen ihren kleinen Kopf beim Gehen markant vor und zurück.

Eulen: Die Jäger der Nacht haben große Köpfe mit nach vorne gerichteten Augen, ein ausgezeichnetes Gehör und kräftige Füße.

Spechte: Ihr Hämmern ist Programm. Kräftiger Meißelschnabel, kurze Beine und Stützschwanz sind wichtige Kennzeichen.

Störche, Löffler, Reiher, Kraniche: Sie schreiten auf langen Beinen. Die großen Vögel mit langem Hals und langem Schnabel sind meist gut zu beobachten.

Rallen: Die den Hühner- oder Entenvögeln ähnelnden Rallen leben am Wasser oder in Feuchtgebieten, häufig gut versteckt und heimlich.

Entenvögel: Schwäne, Gänse und Enten haben Schwimmhäute zwischen den Vorderzehen und sind so bestens an das feuchte Element angepasst.

Taucher: Taucher jagen unter Wasser gekonnt nach Fischen. Ihre Beine sitzen sehr weit hinten.

Möwen und Seeschwalben: Sie haben meist ein helles Gefieder und sind kunstvolle Flieger. Wir begegnen ihnen regelmäßig an Küsten und Gewässern.

Singvögel: Sie bilden die größte und bekannteste Vogelgruppe. Dank ihres besonderen Stimmorgans sind viele von ihnen gute Sänger.

Inhalt

Für den Einsteiger scheint es manchmal wirklich an Hexerei zu grenzen – da saust ein blauer Blitz flach übers Wasser: „Oh, ein Eisvogel!", ein unscheinbares, braunes Etwas singt aus dem Schilf, „Ganz eindeutig: ein Teichrohrsänger", ein anderer hockt weit weg in dornigen Hecken: „Das kann nur ein Neuntöter sein."

... auch ohne Fernglas

Am einfachsten ist es natürlich, einen erfahrenen Vogelkenner dabeizuhaben, der einem in wenigen, verständlichen Sätzen plausibel erklärt, warum es denn nun genau diese oder jene Art ist. Ganz ehrlich: Man muss wirklich nicht jede Feder an einem Vogel kennen, um ihn zu erkennen. In den meisten Fällen brauchen Vogelbeobachter zum Bestimmen nicht einmal das Fernglas. Ganz bestimmte Verhaltensweisen, unverwechselbare Flugsilhouetten, bezaubernde, verschiedenartigste Gesänge und natürlich der Lebensraum, in dem wir einen Vogel beobachten, liefern schlüssige Indizien.

Der Blick durch das Fernglas ist oft sozusagen der letzte Beweis oder auch nur eine Art Rückversicherung.

... und auf eigene Faust

Hat man gerade keinen erfahrenen Vogelbeobachter dabei, dann ist dieses Buch die nächstbeste Möglichkeit, Vögel zu bestimmen. Sehr praktisch: Die Einteilung in farbig markierte **Lebensräume**. Denn wer zwischen Feldern und Wiesen in hohen Brennnesseln einen Sumpfrohrsänger entdeckt und die Gesänge noch nicht so gut kennt, der braucht nicht lange zu rätseln, ob es denn nun etwa die Zwillingsart Teichrohrsänger sein könnte. Denn der befindet sich auch in diesem Buch dort, wo er hingehört: im Lebensraum Gewässer, weil er immer im Schilf brütet.

Ganz wichtig: Die Kopfzeile über jeder Art, in der Sie die **Monate** finden, in denen sich die Art bei uns in Mitteleuropa aufhält. Haben Sie z. B. im Juni eine Weißwangengans entdeckt, sehen Sie auf einen Blick, dass diese Art sich gar nicht im Sommer in Mitteleuropa aufhält und Sie sie möglicherweise mit der ähnlichen Kanadagans verwechselt haben. Im **„Tipp für unterwegs“** finden Sie Erkennungsmerkmale oder andere wichtige Informationen und unter **„Merkmale“**, **„Lebensweise“** und **„Wissenswertes“** das Besondere und Interessante zu jeder Vogelart.

... mit Extrateil „Siedlungen“!
Natürlich gibt es auch Vögel, die durchaus verschiedene Lebensräume bewohnen oder besuchen. Vor allem gilt das für die Vögel in unseren Dörfern und Städten. Sie brüten ja ursprünglich in Wäldern, auf Felsen oder anderswo und haben unsere Siedlungen erst nachträglich erschlossen. Diese Vögel, wie z. B. die Amsel, haben wir in ihren natürlichen Lebensräumen belassen und hier auch ausführlich beschrieben, aber nicht nur hier! Als praktische Besonderheit finden Sie nämlich im Extrateil „Siedlungen“ alle hier häufig anzutreffenden Arten noch einmal mit Foto (die Amsel z. B. auf S. 181) – mit dem entsprechenden Verweis auf die Seite, wo die Art in ihrem natürlichen Lebensraum zu finden ist (bei der Amsel ist das z. B. der Wald, S. 36).

... Vögel anlocken
Eine wirklich unschlagbare Möglichkeit, Vögel einmal ganz von Nahem zu sehen (vor allem auch für Kinder, die mit dem Fernglas oft noch Schwierigkeiten haben) ist eine Futterstation. Ob im Garten, auf dem Hinterhof, Balkon oder sogar im Stadtpark. Hier ist die Bestimmung oft kinderleicht, denn die Vögel sind nicht nur nah – sie kommen auch immer wieder zurück, sodass man ganz in Ruhe im Vogelführer nachschlagen kann.

... für ganz Neugierige
Möchten Sie noch mehr wissen über die Vogelart, die Sie eben entdeckt haben und fantastische Fotos dazu sehen? Dann empfehlen wir Ihnen zum Nachschlagen und Weiterlesen zu Hause den Bildband „Deutschlands Vögel“, erschienen im Kosmos-Verlag.
Wir, die auch mal „klein angefangen haben,“ wünschen Ihnen viele schöne und spannende Stunden draußen in der Natur, und wenn es mit der Bestimmung mal nicht auf Anhieb klappt: Bitte nicht verzweifeln, das geht jedem mal so – nächstes Mal klappt es umso besser!

Katrin und Frank Hecker

Im Wald

Haselhuhn

Tetrastes bonasia

JAN–DEZ

Tipp für unterwegs

Kleines Waldhuhn, das gern auf Zweigen sitzt. Im Flug mit auffälliger, schwarzer Endbinde am Schwanz (s. auch Alpenschneehuhn und Birkhuhn).

Merkmale 34–38 cm. Gräulich braun gemustert; Männchen mit charakteristischer Kopfzeichnung. Ruft pfeifend.
Lebensweise Bewohnt Misch- und Nadelwälder mit einer großen Artenvielfalt an Kräutern, Sträuchern und Bäumen aller Altersstufen. Nur so findet es ganzjährig genügend verschiedene Früchte, Knospen und Sämereien.
Wissenswertes Die meisten mitteleuropäischen Wälder bieten dem Haselhuhn zu wenig Nahrung und Verstecke. So brütet es heute nur noch im Hügelland und im Alpenraum.

Sperber

Accipiter nisus

JAN–DEZ

Tipp für unterwegs

Kleiner Greifvogel mit typischer Querbänderung („Sperberung"). Das Weibchen ist deutlich größer und kann mit einem Habicht (s. u.) verwechselt werden.

Merkmale 29–41 cm. Im Flug fallen der lange Schwanz und die relativ kurzen, abgerundeten Flügel auf (vergleiche Turmfalke mit schmalen, spitzen Flügeln (→ S. 56). Im Winter ist eine Verwechslung mit dem Merlin (→ S. 56) möglich.
Lebensweise Brütet hauptsächlich in relativ eintönigen Fichtenwäldern, aber auch auf Friedhöfen und in Parks. Erbeutet fast ausschließlich Kleinvögel wie Finken, Meisen und Drosseln, die er in rasantem Flug jagt.
Wissenswertes Im Winter sieht man den Sperber regelmäßig in menschlicher Nähe, denn am Vogel-Futterhäuschen macht er leichte Beute.

Habicht

Accipiter gentilis

JAN–DEZ

Tipp für unterwegs

Der Habicht ist eine Art Gesundheitspolizei im Wald: Er jagt vorwiegend geschwächte Tiere.

Weibchen im Jugendkleid

Merkmale 50–61 cm. Das Weibchen des Habichts ist etwa bussardgroß, das Männchen deutlich kleiner, kaum größer als ein Sperber-Weibchen. Typisch ist die Querbänderung ausgewachsener Vögel (vergleiche Sperber, s. o.) und im Flug der auffällig lange Schwanz in Kombination mit den eher breit und kurz wirkenden Flügeln.
Lebensweise Rasanter Vogeljäger, der meist Tauben, Drosseln und Krähenvögel erbeutet, aber auch Säugetiere wie Kaninchen oder Eichhörnchen.
Wissenswertes Zu Unrecht wird der Habicht auch heute noch mancherorts geschossen, gefangen oder man sägt seine Horstbäume ab.

Tipp für unterwegs

Ein eleganter Flieger mit sehr spitzen Flügeln, schiefergrauem Rücken und relativ kurzem Schwanz (vergl. Turmfalke)

Flugbild

Baumfalke

MAI–OKT

Falco subbuteo

Merkmale 29–35 cm. Ähnelt mit seinen sichelförmigen Flügeln („Bumerang") im Flug auf den ersten Blick eher einem Mauersegler (→ S. 175) als einem Greifvogel. Das kontrastreich schwarz und weiß gezeichnete Gesicht ist auch aus größerer Distanz erkennbar, die roten „Hosen" dagegen nicht.
Lebensweise Brütet an Waldrändern in alten Krähen- oder Elsternestern, vorzugsweise in der Nähe von Seen oder Flüssen. Erbeutet Insekten und Kleinvögel in sehr rasanten Flugmanövern.
Wissenswertes Zugvogel, der dann im südlichen Afrika überwintert.

Tipp für unterwegs

Eigenartiger Dämmerungsvogel mit eulenähnlichem Flug und Aussehen. Fliegt erst kurz vor dem Beobachter auf.

Waldschnepfe

JAN–DEZ

Scolopax rusticola

Merkmale 33–38 cm. Unsichtbarer, taubengroßer Waldvogel, getarnt als Stück Rinde. Typisch ist der lange, pinzettenartige Schnabel.
Lebensweise Lebt in ungestörten, feuchten Mischwäldern. Das Nest ist eine schlichte Bodenmulde, meist am Fuß eines Baumes. Stochert im feuchten Waldboden nach Würmern und Insekten.
Wissenswertes „Schnepfenstrich" heißt die Balzzeit der Waldschnepfe: Zwischen März und Juni vollführen die Männchen ihre Hochzeitsflüge in den Baumwipfeln. Diese Zeit nutzen Jäger, um auf die umstrittene Schnepfenjagd zu gehen – obwohl sie mittlerweile zu den gefährdeten Brutvögeln zählt.

Tipp für unterwegs

Ruft fünfsilbig huu-huu-huu-hu-hu, mit Betonung auf der 3. Silbe. Erschreckt den Spaziergänger durch unvermitteltes Flügelklatschen beim Abflug.

Ringeltaube

JAN–DEZ

Columba palumbus

Merkmale 38–42 cm. Massige Waldtaube; unverwechselbar mit ihren weißen Flecken an Hals und auf den Flügeln (im Flug gut zu sehen).
Lebensweise Brütet in Wäldern und kleinen Feldgehölzen, ist mittlerweile aber auch in Städten und Tierparks häufig. Futtersuche am Boden, in freier Natur auf Feldern und Waldlichtungen. Ernährt sich vegetarisch von Eicheln, Bucheckern, Sämereien, Blättern und Früchten.
Wissenswertes Unsere häufigste Wildtaube, mischt sich aber auch unter Stadttauben (→ S. 174) und brütet hier sogar auf Gebäuden.

Tipp für unterwegs

Die heimliche, nachtaktive Eule verrät sich am ehesten im Frühjahr: Dann hört man ihren Balzgesang: Ein anschwellendes „Bu-bu-bu-bu-bu".

Raufußkauz

JAN–DEZ

Aegolius funereus

Merkmale 22–27 cm. Kleine Eule (kleiner als eine Haustaube) mit leuchtend gelben, erstaunt blickenden Augen und weißem Gesichtsschleier. Ähnlich Steinkauz (→ S. 64), der aber in offenem Gelände lebt.
Lebensweise Brütet hauptsächlich in Nadelwäldern und erbeutet Waldmäuse. Ist zum Brüten auf verlassene Schwarzspechthöhlen angewiesen, nimmt gebietsweise auch Nistkästen an.
Wissenswertes Namengebend waren seine pelzartig bewachsenen Füße: „Rauch" war früher eine Bezeichnung für Pelz. Aus „Rauchfüßiger Kauz" wurde später dann „Raufußkauz".

Tipp für unterwegs

Kleinste europäische Eule, wirkt im Sitzen wie ein plumper Spatz. Gesang eine eulenuntypische Aneinanderreihung weicher Pfeiftöne.

Sperlingskauz

JAN–DEZ

Glaucidium passerinum

Merkmale 15–19 cm. Durch seine geringe Körpergröße kaum mit anderen Eulen zu verwechseln. Typisch sind der flache Kopf und seine gelben Augen.
Lebensweise Bewohnt ältere Mischwälder mit hohem Fichtenanteil bis hinauf in die Hochgebirge. Brütet in verlassenen Spechthöhlen. Erbeutet Mäuse und Kleinvögel bis zur eigenen Körpergröße.
Wissenswertes Der winzige Sperlingskauz muss sich vor anderen Eulen in Acht nehmen. Deshalb fliegt er schon in der frühen Dämmerung aus und schläft nachts.

Tipp für unterwegs

Mit einer Höhe bis zu 75 cm und einer Flügelspannweite bis über 1,80 m weltweit größte Eule. Ruft weit hörbar dumpf „bu-ho!".

deutliche Federohren

Uhu

JAN–DEZ

Bubo bubo

Merkmale 60–70 cm. Unverwechselbar durch Körpergröße, lange Federohren und orangegelbe Augen.
Lebensweise Bewohnt verschiedenste Lebensräume vom Hochgebirge über ausgedehnte Wälder bis zu Kiesgruben im Flachland und erbeutet, was das Gebiet hergibt: Vom Igel über Frösche und Mäuse bis hin zu Feldhasen und Wasservögeln.
Wissenswertes Wurde in Mitteleuropa Mitte des 19. Jahrhunderts bis an den Rand der Ausrottung bejagt. Heute durch Schutzmaßnahmen und Wiederansiedlung vielerorts wieder regelmäßiger Brutvogel.

Tipp für unterwegs

Federohren und Augenfarbe machen Verwechslung mit dem aber fast doppelt so großen Uhu möglich. Legt oft die Ohren an (vergl. Waldkauz).

Waldohreule

JAN–DEZ

Asio otus

Merkmale 31–37 cm. Mittelgroße Eule mit langen Federohren und orangeroten Augen.
Lebensweise Brütet meist an Nadelwald-Rändern oder in kleinen Feldgehölzen. Ruht tagsüber und fliegt erst in der Dämmerung über angrenzende Felder und Wiesen, um hier Wühlmäuse zu jagen. Überwintert oft zu mehreren gemeinsam in Parks und auf Friedhöfen, und ist hier oft wenig scheu.
Wissenswertes Obwohl sie neben dem Waldkauz unsere häufigste Eule ist, bekommt man sie im Sommer aufgrund ihrer heimlichen Lebensweise nur selten zu Gesicht.

Tipp für unterwegs

Zur Balz hört man kurz nach Sonnenuntergang seinen aus Krimis bekannten, schaurig-schönen Gesang „hululuuuu-uu-u-u".

Flugbild

Waldkauz

JAN–DEZ

Strix aluco

Merkmale 37–42 cm. Mittelgroße Eule mit schwarzen „Kirschaugen" und auffallend kurzem Schwanz.
Lebensweise Unsere anpassungsfähigste und damit auch häufigste Eule. Erbeutet neben Mäusen auch Kleinvögel, Regenwürmer, Käfer, Fledermäuse oder Fische. So machen schlechte Mäusejahre dieser Eule nicht so schwer zu schaffen.
Wissenswertes Der Waldkauz ist ein Kulturfolger. Er brütet nicht nur in Wäldern, sondern auch in Parks und Gärten, solange es dort alte, höhlenreiche Bäume gibt. Auch Nischen in ungestörten Gebäuden und Nistkästen nimmt er als Brutplatz an.

Tipp für unterwegs

Lebt scheu und zurückgezogen, fällt am ehesten durch seinen quäkenden Reviergesang „gjä-gjä-gjä-gjä" auf.

Wendehals

MAI–SEPT

Jynx torquilla

Merkmale 16–18 cm. Schlanker und unauffälliger, rindenfarbener Specht.
Lebensweise Brütet in Höhlen oder Nistkästen. Sucht seine Nahrung am Boden, hauptsächlich Ameisenlarven und -puppen. In den vergangenen Jahrzehnten dramatische Bestandseinbußen durch Rückgang extensiver Streuobstwiesen und Brachflächen. Der Wendehals zieht im Winter bis südlich der Sahara.
Wissenswertes Er trommelt nicht, hat nur ein schlicht rindenfarbenes Federkleid und kann keine eigene Höhle zimmern – dennoch zählt der seltene Wendehals zu den Spechten!

Tipp für unterwegs

Man hört ihn eher, als man ihn sieht: Sein kraftvolles „kliii-öööhhh“ hallt weit durch den Wald. Typischer Flugruf: „prü-prü-prü-prü“.

etwa krähengroß

Schwarzspecht

Dryocopus martius

JAN–DEZ

Merkmale 40–45 cm. Größter europäischer Specht (fast krähengroß); unverkennbar durch schwarzes Gefieder mit roter Kappe und kräftigem Meißelschnabel.
Lebensweise Zimmert jedes Jahr eine neue, geräumige Bruthöhle in alte Buchen oder Kiefern. Stochert in morschen Bäumen und unter Rinde nach Ameisen, Käferlarven und Spinnentieren. Trommelt laut und kraftvoll.
Wissenswertes Die geräumigen Schwarzspecht-Höhlen vom Vorjahr sind wichtige und begehrte Bruthöhlen für viele andere Vogelarten, die nicht selber zimmern können; darunter Kleiber, Dohle, Raufußkauz, Hohltaube und Gänsesäger.

Tipp für unterwegs

„Lacht“ hämisch „kjü-kjük-kjük-kjük ...“. Diese 12–20 „Lacher“ werden alle in derselben Tonhöhe und Geschwindigkeit vorgetragen.

Flugbild

Grünspecht

Picus viridis

JAN–DEZ

Merkmale 30–35 cm. Hübscher, grüner Specht mit roter Kappe. Im Flug fällt der gelbe Bürzel (Bereich oberhalb des Schwanzes) auf (ähnliche Art: Grauspecht, s. u.).
Lebensweise Ein Specht, der offene und lichte Landschaften bewohnt. Hier hüpft er zur Nahrungssuche am Boden herum, denn er jagt hauptsächlich Ameisen. Die angelt er mit seiner 10 cm langen Klebzunge aus den Gängen. Braucht alte Bäume zum Bau seiner Bruthöhle. Trommelt kaum und nur schwach.
Wissenswertes Durch Insektengifte im Obstbau und Ausräumung von Feldgehölzen bedrohte Art.

Tipp für unterwegs

Seine „Lachstrophe“ aus 5–20 abfallenden Tönen (vergl. Grünspecht) ist leicht nachzupfeifen. Damit lässt sich der Grauspecht sogar anlocken.

Grauspecht

Picus canus

JAN–DEZ

Merkmale 27–32 cm. Grüner Specht mit grauem Kopf (Name!). Nur das Männchen hat einen roten Fleck auf der Stirn (vergleiche mit roter Kopfkappe beim Grünspecht, s. o.). Im Flug wird der gelbe Bürzel sichtbar.
Lebensweise Oft im selben Lebensraum wie der Grünspecht, bewohnt aber mehr das Innere der Wälder. Auch auf offenen Flächen zur Ameisensuche, stochert aber öfter in Rinde und Totholz als der Grünspecht.
Wissenswertes Die „moderne“ Forstwirtschaft, in der Morsches keinen Platz hat, macht ihm zu schaffen.

Tipp für unterwegs

Häufigster Specht, fehlt praktisch in keinem Nadel- oder Laubwald und kommt im Winter regelmäßig ans Futterhäuschen.

Männchen im Flug

Buntspecht

JAN–DEZ

Dendrocopos major

Merkmale 23–26 cm. Kontrastreich schwarz-weiß mit großen, weißen Schulterflecken und auffallend roten Unterschwanzfedern (vergleiche Mittel- und Kleinspecht, s. u.). Das Männchen (li.) hat außerdem einen roten Fleck am Hinterkopf

Lebensweise Meißelt Bruthöhlen in morsche Baumstämme. Ernährt sich von holzbewohnenden Käfer- und Schmetterlingslarven, von Beeren, Baumfrüchten, Samen und räubert Eier und Küken aus fremden Nestern.

Wissenswertes Dass der Buntspecht so häufig ist, liegt an seiner Vielseitigkeit: So ist er nicht auf eine bestimmte Nahrung spezialisiert wie z. B.. der Grünspecht und besiedelt, wenig scheu, zunehmend auch städtische Bereiche.

Tipp für unterwegs

Zierlicher Specht mit leuchtend roter Kappe. Viel seltener als der Buntspecht, da der Mittelspecht auf urwaldartige Wälder spezialisiert ist.

Mittelspecht

JAN–DEZ

Dendrocopos medius

Merkmale 20–22 cm. Ähnlich Buntspecht (s. o.), aber kleiner und sowohl Männchen als auch das Weibchen mit roter Kappe (vergleiche Kleinspecht, s. u.).

Lebensweise Braucht urwüchsige Eichen- und Buchenwälder, Auwälder mit Bäumen, die mindestens 250 Jahre alt sind sowie Streuobstwiesen.

Wissenswertes Wo Parks und Dörfer an Eichenwälder anschließen, ist er auch hier zu beobachten und kommt im Winter gern an Futterplätze.

Tipp für unterwegs

Winziger Specht, nicht größer als ein Spatz. Zimmert sich eigene Bruthöhlen in schwache Seitenäste morscher Bäume.

Kleinspecht

JAN–DEZ

Dryobates minor

Merkmale 14–17 cm. Kleiner, schwarz-weißer Specht ohne weiße Schulterflecken (vgl. Bunt- und Mittelspecht). Männchen mit roter Stirn.

Lebensweise Brütet in natürlichen Auwäldern und in sehr alten Laubwäldern mit reichlich morschen Bäumen. Pickt Spinnen, Insekten und deren Larven von Blättern und Zweigen der Bäume.

Wissenswertes Stochert im Winter, genau wie Bunt- und Mittelspecht nach Insekten, die sich unter der Baumrinde versteckt halten.

Tipp für unterwegs

Singt unverwechselbar „düdlio". Flug stark wellenförmig. Kann dabei unter Umständen mit Grün- oder Grauspecht (→ S. 18) verwechselt werden.

Pirol

MAI–SEPT

Oriolus oriolus

Merkmale 22–25 cm. Kontrastreich gelb und schwarz mit kräftigem, rotem Schnabel. Weibchen und junge Männchen mehr grünlich.
Lebensweise Lebt in feuchten Laubwäldern mit altem Baumbestand, wo er bei der Nahrungssuche in den dichten Baumkronen trotz seiner leuchtenden Färbung leicht übersehen wird. Auch sein Nest baut er meist hoch oben in der Baumkrone. Ernährt sich von Insekten und deren Larven, aber auch von Früchten.
Wissenswertes Der Pirol wird überall seltener. Das liegt an der immer noch fortschreitenden Zerstörung flussbegleitender Auwälder.

Tipp für unterwegs

Unverwechselbarer, häufiger Krähenvogel, der oft schon von Weitem mit seinem aufdringlichen „rätsch" auf sich aufmerksam macht.

Eichelhäher

JAN–DEZ

Garrulus glandarius

Merkmale 32–35 cm. Rötlich braun mit typischem, hellblau gestreiftem Feld auf dem Flügel. Im Flug sieht man deutlich den leuchtend weißen Bürzel (Bereich oberhalb der Schwanzfedern) und die blauweißen Flügel.
Lebensweise In allen Wäldern häufig, bevorzugt die Nähe von Eichen, wo er ab Spätsommer Eicheln als Nahrungsvorrat für den Winter sammelt.
Wissenswertes In seinem dehnbaren Kropf kann der Eichelhäher bis zu 10 Eicheln auf einmal transportieren. Er vergräbt sie in einem Erdloch, das er sorgfältig mit Laub und Moos bedeckt.

Tipp für unterwegs

Mächtiger Krähenvogel, so groß wie ein Mäusebussard. Ruft trocken „kork", „kork".

typischer keilförmiger Schwanz

Kolkrabe

JAN–DEZ

Corvus corax

Merkmale 55–65 cm. Seine imposante Größe, das reinschwarze Gefieder und der kräftige Schnabel machen den Kolkraben unverwechselbar.
Lebensweise Brütet ebenso in großen Wäldern wie an steilen Felswänden im Gebirge oder an der Küste. Ernährt sich hauptsächlich von Säugetieren: Aas steht an oberster Stelle auf dem Speiseplan, gefolgt von jungen oder kranken Tieren. Nimmt aber auch Abfälle und Früchte.
Wissenswertes Als vermeintlicher „Nahrungskonkurrent" wird der schöne Kolkrabe leider noch immer verfolgt, geschossen und vergiftet.

Blaumeise
Parus caeruleus

JAN–DEZ

Merkmale 10–12 cm. Klein und rundlich mit gelbem Bauch, blauer Kappe und schwarzem Augenstreif.
Lebensweise Häufige Meise in Wäldern, Parks und Gärten. Pickt hier kleine Insekten und Spinnen von Bäumen und Büschen. Braucht zum Brüten Baumhöhlen, nimmt aber auch gern Nistkästen an. Das Einflugloch sollte für die Blaumeise nicht größer als 26–27 mm sein, sonst zieht hier die kräftigere Kohlmeise ein.
Wissenswertes Kommt im Winter gern ans Futterhaus und ist hier wenig scheu. Nimmt bevorzugt Meisenringe und Meisenknödel an.

Tipp für unterwegs

Ihren silberhellen Gesang erkennt man daran, dass nach 2–3 reinen Tönen immer ein tieferer Triller folgt: „Ti-ti-ti-tirrrrrrr".

brütet gerne in Nistkästen

Kohlmeise
Parus major

JAN–DEZ

Merkmale 13–15 cm. Relativ plumpe Meise mit schwarz-weißem Kopf und schwarzem Bauchstreif, der beim Männchen deutlich breiter ist.
Lebensweise In lichten Wäldern mit viel Unterholz, auch in Parks und kleinen Gärten mit dichter Bebauung häufig. Ernährt sich zur Brutzeit von Insekten, besonders von Raupen, aber auch von Spinnen und anderem Kleingetier. Sucht oft am Boden nach Nahrung.
Wissenswertes Brütet ursprünglich in Baumhöhlen, nimmt gern Nistkästen an und brütet auch in schmalen Mauerritzen, Briefkästen oder Ähnlichem.

Tipp für unterwegs

Typischer Gesang „zi-zi-bäähh". Unsere häufigste Meise; brütet oft in Gärten und ist ein regelmäßiger Gast bei der Winterfütterung.

Haubenmeise
Parus cristatus

JAN–DEZ

Merkmale 10 12 cm. Kleine, schlicht hellbraune Meise mit graumelierter Federhaube und schwarzem Halsband. Typisch: Ihr schwarzes „C" auf der Wange.
Lebensweise Die Haubenmeise braucht zumindest etwas morsches Holz, denn mit ihrem kleinen, aber kräftigen Schnabel zimmert sie sich ihre Bruthöhle selbst. Hält sich meist hoch oben in der Kronenregion auf, ernährt sich im Sommer von Insekten, im Winter von Nadelbaumsamen.
Wissenswertes Versteckt Baumsamen und kleine Insekten als Wintervorrat zwischen Flechten und Nadeln.

Tipp für unterwegs

Immer in Nadelwäldern: auch auf Friedhöfen und in Parks mit Nadelbäumen. Ruft „zigürr", und so ist die kleine Meise leicht entdeckt.

Tipp für unterwegs

In Nadelwäldern. Typischer Gesang „wize-wize-wize“ mit Betonung auf jeweils 1. Silbe, das ganze Jahr über zu hören.

mit weißem Nackenfleck

Tannenmeise

JAN–DEZ

Parus ater

Merkmale 10–12 cm. Die Tannenmeise ist deutlich kleiner und nur halb so schwer wie die ähnliche Kohlmeise. Wichtiges Unterscheidungsmerkmal: Der Gesang und ihr weißer Nackenfleck.
Lebensweise Häufige Meise in Fichtenwäldern, auch in Parks, auf Friedhöfen und in Gärten mit Fichten. Brütet in Baumhöhlen oder Felsspalten. Ernährt sich im Sommer von Insekten, im Winter von Fichtensamen.
Wissenswertes Hüpft, huscht und flattert pausenlos durch dicht benadelte Äste. Versteckt Vorräte an äußersten Zweigspitzen zwischen Nadeln und besucht im Winter auch Fütterungsplätze.

Tipp für unterwegs

Von der zum Verwechseln ähnlichen Sumpfmeise (s. u.) am besten durch ihre Stimme zu unterscheiden: Weidenmeise ruft gedehnt „däh-däh-däh“.

Weidenmeise

JAN–DEZ

Parus montanus

Merkmale 12–13 cm. Hellbraune Meise mit weißen Wangen und schwarzer Kopfkappe. Typisch ist ein schwarzer Kinnfleck, der im Unterschied zur Sumpfmeise recht breit und eher unscharf gezeichnet ist.
Lebensweise Häufige Meise in feuchten Mischwäldern mit morschem Holz.
Wissenswertes Zimmert sich im Gegensatz zur Sumpfmeise ihre Bruthöhle selber und benötigt dafür morsche Bäume. Seltener in Parks und Gärten als die Sumpfmeise. Die Weidenmeise erscheint nur ausnahmsweise an Winter-Fütterungsplätzen.

Tipp für unterwegs

Nicht in Sümpfen. Ruft im Unterschied zur ähnlichen Weidenmeise (s. o.) scharf und abgehackt klingend „piestä-tjä-tjä“.

Sumpfmeise

JAN–DEZ

Parus palustris

Merkmale 12–13 cm. Hellbraune Meise mit schwarzem Kinnfleck, der kleiner und schärfer begrenzt ist als bei der Weidenmeise (s. o.).
Lebensweise Brütet in bereits vorhandenen Baumhöhlen in feuchten Laub- und Mischwäldern; auch in Parks, auf Friedhöfen und in Gärten. Das Weibchen brütet allein, wird dabei aber vom Männchen gefüttert. Ernährt sich von Insekten und Spinnen, im Winter von Samen. Versteckt Nahrungsvorräte in Rindenspalten.
Wissenswertes Sehr brutortstreu, besetzt Jahr für Jahr dasselbe Revier. Im Winter im Gegensatz zur Weidenmeise regelmäßig am Futterplatz zu beobachten.

Tipp für unterwegs

Verrät sich durch ihr charakteristisches „Tschirpen“. Verschiedene Unterarten, eine davon mit reinweißem Kopf, eine mit dunklem Streif über dem Auge.

Schwanzmeise

JAN–DEZ

Aegithalos caudatus

Merkmale 13–15 cm. Unverwechselbar durch ihr „niedliches“ Aussehen mit langem Schwanz, rundlichem, kleinen Körper, der rosa Tönung und dem winzig kleinen Schnabel.
Lebensweise Bewohnt Laub- und Mischwälder mit dichtem Unterwuchs, auch Parks, Friedhöfe und Gärten. Turnt und hängt oft kopfüber bei der Nahrungssuche, benutzt dabei den langen Schwanz zum Ausbalancieren. Baut kunstvolle Nester, die wie eiförmige Tannenbaumkugeln meist an Nadelbäumen hängen.
Wissenswertes Zieht im Winter in Schwärmen umher. Hohe Sterblichkeit in Kältewintern, weil sie unter Schnee und Eis keine Nahrung findet.

Tipp für unterwegs

Häufig, wird meist im Gebüsch übersehen. Prägnanter, melodiöser Gesang: Erst plaudernd, dann nach einem „Überschlag“ in Flötentönen endend.

Mönchsgrasmücke

APR–SEPT

Sylvia atricapilla

Merkmale 14–15 cm. Graubraun mit schwarzer Kopfkappe (Männchen, li.) bzw. rotbrauner Kopfkappe (Weibchen, re., und Jungvögel).
Lebensweise In halbschattigen Laubwäldern, fehlt aber auch in keinem Park, auf Friedhöfen und in buschreichen Gärten. Frisst wenig wählerisch mehr als 100 verschiedene Arten von Kleingetier und steigt im Sommer auf Beerennahrung um, mit der auch schon die Mönchsgrasmücken-Küken gefüttert werden.
Wissenswertes Wechselt im Juni/Juli aus dem Brutrevier in Gebiete mit gutem Beerenangebot.

Tipp für unterwegs

Winziges Vögelchen, hoch oben in den Baumwipfeln. Verrät sich durch seine hohen, auf- und absteigenden Gesangsstrophen.

im Jugendkleid

Wintergoldhähnchen

JAN–DEZ

Regulus regulus

Merkmale 9–10 cm. Gerade mal 9 cm groß und 5 g schwer und damit kleinster Vogel Europas. Gefieder grüngrau mit typischem, gelbem Mittelstreifen auf dem Kopf (beim Männchen etwas orange). Dieser Streifen ist schwarz gesäumt.
Lebensweise Brütet in Nadelwäldern, wo es sein frei hängendes, kugeliges und gut getarntes Nest meist in hohen Fichten aufhängt.
Wissenswertes Das Wintergoldhähnchen hat noch eine Zwillingsart, das Sommergoldhähnchen (*Regulus ignicapillus*). Typisch ist sein schwarz-weiß gestreiftes Gesicht.

Tipp für unterwegs

Typisch: Sitzt meist auf einem horizontalen Ast im Buchenwald und singt sein unverwechselbares, schwirrendes Lied „sid-sid-sid-sid-sirrrrrrrrrrr“.

Waldlaubsänger

APR–SEPT

Phylloscopus sibilatrix

Merkmale 11–12 cm. Olivgrün und wenig auffällig. Hat im Unterschied zu Fitis und Zilpzalp (s. u.) eine gelbe Brust, gelbe Kehle und gelben Augenstreif. Wie auch diese beiden Arten am besten anhand des Gesanges zu bestimmen.
Lebensweise In Buchenhochwäldern mit nur wenig Unterwuchs. Hier lassen sich seine Singflüge, die in Bogen und Schleifen durchs Geäst führen, sehr gut beobachten.
Wissenswertes Langstreckenzieher, der südlich der Sahara überwintert und diese offenbar, anders als die meisten anderen Vögel, zentral durchfliegt.

Tipp für unterwegs

Unscheinbarer Vogel, dessen weich flötender, abfallender Gesang „didi die düe dea dea deida da“ unverwechselbar ist (vergl. Zilpzalp, s. u.).

Fitis

APR–OKT

Phylloscopus trochilus

Merkmale 11–12 cm. Olivgrün mit weißlicher Unterseite und typischem, feinem Insektenfresser-Schnabel. Von der Zwillingsart Zilpzalp (s. u.) ist der Fitis nur durch den Gesang zu unterscheiden.
Lebensweise Brutvogel in lichten, lockeren Wäldern und Gebüschen. Gern in feuchten Weidendickichten, bereits kleinste Buschinseln genügen ihm zum Brüten.
Wissenswertes Langstreckenzieher, wobei unsere mitteleuropäischen Fitisse „nur“ bis nach Westafrika ziehen; die skandinavischen Fitisse bis nach Südafrika mit Flugstrecken bis zu 13 000 km.

Tipp für unterwegs

Singt ausdauernd seinen Namen „zilp-zalp-zalp-zalp-zilp-zilp-zalp-zalp“. Daran von seiner Zwillingsart, dem Fitis zu unterscheiden.

im Flug

Zilpzalp

APR–OKT

Phylloscopus collybita

Merkmale 10–12 cm. Oberseits olivgrün, Bauch weißlich (vgl. Fitis, s. o.). Typisch: Wippt bei der Nahrungssuche ständig mit dem Schwanz.
Lebensweise Einer unserer häufigsten, wenn auch nicht bekanntesten Vögel. Und das, obwohl der Zilpzalp im Gegensatz zum Fitis auch häufig in Parks, auf Friedhöfen und in Gärten brütet.
Wissenswertes Kehrt als einer der ersten Zugvögel schon früh im März zu uns zurück und fällt durch seinen pausenlos vorgetragenen Gesang auf. Im Gegensatz zum Fitis ein Mittelstreckenzieher mit Hauptüberwinterungsgebiet im Mittelmeerraum.

Tipp für unterwegs

Immer an oder in der Nähe von alten Bäumen. Läuft an Stamm und Ästen auf und ab, auch kopfüber.

klettert am Stamm

Kleiber
JAN–DEZ

Sitta europaea

Merkmale 12–14 cm. Spatzengroßer, rundlicher Vogel mit auffallend kurzem Schwanz, großem Kopf und spechtartigem Schnabel. Unverwechselbar mit seinem orangebraunen Bauch und dem schwarzen Augenstreif.
Lebensweise Höhlenbrüter, der zu große Höhleneingänge mit Lehmklümpchen kleiner kleistert.
Wissenswertes In Gärten mit altem Baumbestand ist der Kleiber ein regelmäßiger Futterhausbesucher: Schnell räumt er hier alle Sonnenblumenkerne ab und versteckt sie als persönlichen Vorrat in Rindenritzen oder Nisthöhlen.

Tipp für unterwegs

Klettert spiralförmig um Baumstämme herum, ist dabei gut getarnt. Feiner leiser, auf- und absteigender Gesang, der an Wintergoldhähnchen erinnert.

Waldbaumläufer
JAN–DEZ

Certhia familiaris

Merkmale 12–14 cm. Rindenfarbiger, mausartiger Vogel mit recht langem, abwärts gebogenem Schnabel. Vom sehr ähnlichen Gartenbaumläufer (s. u.) am ehesten durch den Gesang zu unterscheiden.
Lebensweise Vorzugsweise in Nadelwäldern (vgl. Gartenbaumläufer), wo er sein Nest hinter losen Rindenstücken anlegt. Stochert mit seinem langen Schnabel Insektenlarven, -puppen und Spinnen aus grobborkiger Baumrinde.
Wissenswertes Unsere Baumläufer sind Standvögel, die auch im Winter in ihren Brutrevieren bleiben, sie aber nicht gegen Artgenossen verteidigen.

Tipp für unterwegs

Klettert wie der Waldbaumläufer ruckartig an Stämmen und pickt dabei Insekten aus der Rinde. Singt kräftig seine flötende Strophe: „ti-ti-titirüisri".

Gartenbaumläufer
JAN–DEZ

Certhia brachydactyla

Merkmale 12–14 cm. Kleiner, rindenfarbiger Vogel mit recht langem, abwärts gebogenem Schnabel (ähnelt dem Waldbaumläufer).
Lebensweise Der Gartenbaumläufer ist nicht an Nadelbäume gebunden wie der Waldbaumläufer. Er brütet auch regelmäßig in Laubwäldern, Parks und in Gärten mit altem Baumbestand.
Wissenswertes An einem Wintertag sucht der Gartenbaumläufer manchmal 200–300 Bäume nach Nahrung ab; dabei legt er Kletterstrecken von 2–3 km zurück. Nachts kuscheln sich Baumläufer oft zu mehreren in Nischen zusammen und wärmen sich.

Zaunkönig
JAN–DEZ

Troglodytes troglodytes

Merkmale 9–11 cm. Mit nur 10 cm Größe einer unserer kleinsten Singvögel. Rundliche Gestalt mit kurzem Schwanz und feinem, pinzettenartigem Schnabel sind typisch. Singt: „Mücken-und-Fliegen-die-sind-zu-genie-ßen-aber-Spinnen-brrrrrrrrrr-die-zieh'-ich vorrrrrr"!

Lebensweise Häufiger Jahresvogel in Wäldern, Gebüschen und Gärten, gern in Gewässernähe. Baut sein kugeliges Nest mit seitlichem Eingang in kleinste Ritzen, gern auch unter Dachüberständen an Häusern.

Wissenswertes Der Zaunkönig übernachtet im Winter häufig in oder an Gebäuden.

Tipp für unterwegs

Winzig mit schmetterndem Gesang, der auch im Winter zu hören ist. Huscht mäuseartig durchs Unterholz und knickst oft mit aufgerichtetem Schwanz.

Star
JAN–DEZ

Sturnus vulgaris

Merkmale 19–22 cm. Ähnlich einer Amsel, doch ist die Körperhaltung beim Star auffallend aufrecht und sein Schwanz ist auch kürzer.

Lebensweise Brütet ursprünglich in alten Laubwäldern mit Spechthöhlen. Sehr häufiger Kulturfolger, der auch regelmäßig in Siedlungen brütet, wo er Nistkästen bezieht. Geht bei der Futtersuche auf Wiesen und Weiden auffallend geschäftig umher und stochert im Boden nach Larven von Schnaken und Käfern.

Wissenswertes Außerhalb der Brutzeit ziehen Stare in großen Schwärmen umher und besuchen dann gerne Obstgärten, wo sie mit Vorliebe Beeren und andere Früchte fressen.

Tipp für unterwegs

Stare sind Teilzieher: Je nach Witterung ziehen sie bis ans Mittelmeer. In den letzten Jahren bleiben immer mehr im Winter hier.

im unscheinbaren Jugendkleid

Misteldrossel
JAN–DEZ

Turdus viscivorus

Merkmale 26–29 cm. Große, kräftige Drossel mit kräftig dunkel gepunkteter Unterseite. Steht im Gegensatz zur ähnlichen Singdrossel oft aufrecht.

Lebensweise Bewohnt lichte Nadelwaldränder, wo sie auf angrenzenden Wiesen und Weiden nach Nahrung sucht. Das sind im Frühjahr hauptsächlich Regenwürmer, Käfer und Insektenlarven, im Sommer und Herbst Früchte zahlreicher Sträucher, darunter auch Mistelbeeren (Name!).

Wissenswertes Brütet zunehmend auch in parkartigen Landschaften und zeigt hier wenig Scheu vor Menschen.

Tipp für unterwegs

Schnarrt typisch bei Störung. Das klingt so, als würde man einen Kamm über eine Tischkante ziehen. Singt amselartig, aber nicht so vielfältig.

Tipp für unterwegs

Überall häufig, selbst inmitten von Großstädten. Singt noch vor Sonnenaufgang melodiös flötend, häufig von exponierter Warte.

braun gefärbtes Weibchen

Amsel

JAN–DEZ

Turdus merula

Merkmale 25–29 cm. Männchen schwarz mit gelbem Schnabel und gelbem Augenring, Weibchen braun mit bräunlichem Schnabel.
Lebensweise Ursprünglich in deckungsreichen Wäldern zu Hause fehlt die Amsel als erfolgreicher Kulturfolger heute in praktisch keinem Lebensraum. Ernährt sich hauptsächlich von Regenwürmern, Käfern und Früchten.
Wissenswertes Die Amsel zählt zu den Drosseln und wird im Volksmund auch „Schwarzdrossel" genannt. Im Winter kommt sie häufig an Futterstellen, wobei sie angebotenes Körnerfutter zwar annimmt, aber kaum verdauen kann. Besser sind am Boden ausgelegte Äpfel.

Tipp für unterwegs

Häufige Drossel, die man zur Dämmerung singen hört, aber nur selten zu Gesicht bekommt. Wiederholt alles zweimal: „Kuhdieb! Kuhdieb!"

Singdrossel

MÄRZ–NOV

Turdus philomelos

Merkmale 20–22 cm. Kleine Drossel mit dunklen Flecken auf der rahmfarbenen Unterseite. Von der ähnlichen, wenn auch deutlich größeren Misteldrossel (→ S. 34) am besten durch Gesang zu unterscheiden.
Lebensweise Brütet in Laub- und Nadelwäldern, aber auch in Parks, auf Friedhöfen und in Gärten, wo sie aber – abgesehen von ihrem Gesang – unauffällig ist. Lebt im Frühling hauptsächlich von Regenwürmern, im Sommer von Schnecken und im Herbst und Winter von Beeren.
Wissenswertes Anders als unsere Amseln zieht die Singdrossel im Winter Richtung Süden ans Mittelmeer.

Tipp für unterwegs

Auffällig grau und braun gezeichnete Drossel. Oft in Schwärmen, wobei ihre lauten „schack-schack-schack"-Rufe sie unverwechselbar machen.

Wacholderdrossel

JAN–DEZ

Turdus pilaris

Merkmale 22–27 cm. Große Drossel mit grauem Kopf, rotbraunem Rücken und grauem Bürzel (Bereich oberhalb der Schwanzfedern), der besonders im Flug auffällt.
Lebensweise Brütet in kleinen Kolonien an Waldrändern, von wo aus sie auf regenwurmreiche Wiesen ausschwärmt. Futtert ab Sommer Beeren und andere Früchte. Brütet zunehmend auch im Siedlungsbereich, sogar in Parks inmitten von Städten.
Wissenswertes Im Winter kommen große Wacholderdrossel-Schwärme aus dem Norden zu uns.

Tipp für unterwegs

Früher als Hausvögelchen vielen bekannt, da er wenig scheu auch gern am Haus brütet, z. B. auf Außenleuchten oder auf überstehenden Dachbalken.

Grauschnäpper

Muscicapa striata

MAI–SEPT

Merkmale 14–15 cm. Spatzengroß und schlicht grau mit typischer, gestrichelter Brust. Auf den zweiten Blick ein aparter Vogel mit großen, dunklen Augen und eleganten, langen Flügeln.
Lebensweise Brutvogel in lichten Wäldern, Parks und insektenreichen Gärten. Baut sein Nest in Halbhöhlen und ernährt sich hauptsächlich von Mücken, Fliegen und kleinen Faltern.
Wissenswertes Jagt nach typischer Fliegenschnäpper-Manier Insekten im Flug: Dabei fliegt er von einer erhöhten Sitzwarte los, schnappt sich seine Beute und landet zum Verzehr wieder auf derselben Sitzwarte. Dieses Verhalten lässt sich gut zur Bestimmung heranziehen.

Tipp für unterwegs

Kontrastreich schwarz-weiß. Singt mit starker Betonung „psi-tschi-tschu-tschi-tschu-tschi-tschu".

Männchen im Flug

Trauerschnäpper

Ficedula hypoleuca

APR–SEPT

Merkmale 12–14 cm. Schwarzer Rücken und Oberkopf und der reinweiße Bauch sind typisch für das Männchen, im Flug fallen außerdem die weißen Flügelfelder auf. Weibchen blassbraun, es kommen aber auch braun gefärbte Männchen vor.
Lebensweise Brutvogel in Laub- und Mischwäldern mit gutem Höhlenangebot; nimmt auch gern Nistkästen an und brütet dann auch im Siedlungsbereich.
Wissenswertes Im südlichen und östlichen Mitteleuropa brütet noch eine Zwillingsart, der Halsbandschnäpper. Das Männchen trägt hier ein auffälliges, weißes Nackenband.

Tipp für unterwegs

Wird meist übersehen, weil er so klein ist und sich gern im Schattenbereich der Äste aufhält. Das Männchen sieht dem Rotkehlchen ähnlich.

Zwergschnäpper

Ficedula parva

MAI–SEPT

Merkmale 11–12 cm. Das Männchen ist vom Rotkehlchen (→ S. 42) durch den grau abgesetzten Kopf und seine weißen Schwanzaußenfedern zu unterscheiden. Einfach ist die Bestimmung anhand des Gesanges: Der Zwergschnäpper leiert die Tonleiter hinunter wie der Fitis (→ S. 30). Weibchen schlicht graubraun.
Lebensweise In totholzreichen, schattig-feuchten Laub- und Mischwäldern.
Wissenswertes Langstreckenzieher, der in Nordost-Pakistan und in Indien überwintert.

Sprosser
MAI–SEPT

Luscinia luscinia

Merkmale 15–17 cm. Unscheinbar graubraun mit rötlich braunem Schwanz. Gesang kräftiger, kehliger und rhythmischer als bei der Nachtigall, er lässt sich leicht mitklopfen. Außerdem fehlen die typischen, in der Tonhöhe abfallenden „düh-düh-düh-düh-düh"-Reihen der Nachtigall.
Lebensweise Baut sein bodennahes Nest in sumpfigen Auwäldern und an Seeufern.
Wissenswertes Im Gegensatz zur Nachtigall besiedelt der Sprosser den Norden und Osten Europas von Schweden über Dänemark und Schleswig-Holstein in die Schweiz und nach Polen bis weit nach Sibirien hinein.

Tipp für unterwegs

Zwillingsart der Nachtigall, die nicht nur täuschend ähnlich aussieht, sondern auch ähnlich singt. Am sichersten anhand des Brutgebietes abzugrenzen.

Nachtigall
APR–SEPT

Luscinia megarhynchos

Merkmale 15–17 cm. Etwas kleiner als eine Singdrossel mit braunem Rücken und leuchtend rotbraunen Schwanzfedern. Legendär ist ihr nicht nur nächtlich vorgetragener Gesang: Erst langsam, dann explosiv „tschok-tschok-tschok" mit wehmütigen, in der Tonhöhe abfallenden „düh-düh-düh-düh-düh"-Reihen.
Lebensweise In Feuchtgebieten wie der Sprosser, brütet aber auch in Hecken und trockeneren Feldgehölzen.
Wissenswertes Besiedelt im Gegensatz zum Sprosser den Westen und den gesamten Süden Europas von Deutschland bis nach Portugal über Frankreich und Italien bis in die Türkei.

Tipp für unterwegs

Es kommt immer wieder zu Mischbruten der beiden Arten Nachtigall und Sprosser.

Gartenrotschwanz
APR–OKT

Phoenicurus phoenicurus

Merkmale 13–15 cm. Auffälliges Männchen (li.) mit schwarzem Gesicht und Kehle, weißem Gesichtsstreifen und leuchtend orangefarbenem Bauch und Brust. Weibchen (re.) schlicht braun, beide mit rotem Schwanz. Männchen singt unermüdlich „jiiieeehhh-jück-jück-jück-jück".
Lebensweise Insekten- und Spinnenjäger in höhlenreichen Laub- und Mischwäldern, Parks und (Obst-)Gärten.
Wissenswertes Langstreckenzieher, der jedes Frühjahr aus West- und Zentralafrika zu uns zurückkehrt.

Tipp für unterwegs

Leuchtend roter Schwanz fällt im Flug auf. Männchen bunt, Weibchen sehr ähnlich Hausrotschwanz-Weibchen (→ S. 166).

Männchen im Flug

Tipp für unterwegs

Bekannt und beliebt, brütet häufig in Hausnähe und wird hier sehr zutraulich. Feierlicher, wehmütiger Gesang in der Dämmerung.

Rotkehlchen

JAN–DEZ

Erithacus rubecula

Merkmale 13–14 cm. Rundlich mit orangeroter Kehle und Brust (vergleiche Zwergschnäpper → S. 38), großen, dunklen Augen und feinem Schnabel. Männchen und Weibchen sehen gleich aus.
Lebensweise In Laub- und Nadelwäldern mit gut ausgebildeter Strauchschicht. Das Rotkehlchen sucht am Boden nach Raupen, Käfern, Ohrwürmern und anderem Kleingetier und pickt ab Sommer auch Früchte. Baut sein Nest in bodennahen Verstecken.
Wissenswertes Rotkehlchen nehmen im Winter gern weiches Futter (Haferflocken-Fettgemische) vom Boden auf.

Tipp für unterwegs

Gefärbt ähnlich wie ein Spatz, aber mit feinem Schnabel und silberhellem Gesang. Singt häufig gut sichtbar von einer hohen Warte aus.

Heckenbraunelle

JAN–DEZ

Prunella modularis

Merkmale 13–15 cm. Unscheinbar graubraun gefärbt, wird häufig für einen Haussperling (→ S. 82) gehalten.
Lebensweise Huscht häufig wie eine Maus am Boden umher und pickt dabei Schmetterlingsraupen, Ameisenpuppen, Fliegen, kleine Käfer und kleine Schnecken auf. Im Sommer wird der Speiseplan mit Samen von Brennnesseln, Ampfer und anderen Kräutern erweitert.
Wissenswertes Ursprünglich in jungen Fichtenwäldern zu Hause brütet die Heckenbraunelle zunehmend auch in Heckenlandschaften und Gärten.

Tipp für unterwegs

Männchen mit signalroter Unterseite; wird trotz seiner leuchtenden Färbung leicht übersehen, da er zur Brutzeit heimlich lebt.

mit weißem Bürzel

Gimpel

JAN–DEZ

Pyrrhula pyrrhula

Merkmale 15–17 cm. Typisch ist der schwarze Kopf mit dem kurzen, kegelförmigen Schnabel. Männchen (li.) mit auffallender, roter Unterseite, beim Weibchen (re.) braungrau.
Lebensweise Brütet ursprünglich an Waldrändern und auf Lichtungen, aber auch auf Friedhöfen, in Gärten und zunehmend sogar inmitten von Städten. Der kräftige Schnabel verrät den Vegetarier: Gimpel leben ganzjährig von Samen und Knospen, ihre Jungen füttern sie aber auch mit weicheren Insekten, Spinnen und Schnecken.
Wissenswertes Sein Lockruf, ein weiches, abfallendes „diü … diü …" ist leicht nachzupfeifen.

Tipp für unterwegs

Schmettert seine abfallende Strophe von hohen Ästen oft über 2000-mal am Tag. Im Winter mit dem Bergfink (s. u.) zu verwechseln.

Weibchen

Buchfink

JAN–DEZ

Fringilla coelebs

Merkmale 14–16 cm. Männchen bunt mit grauem Kopf und rostbraunem Rücken und Bauch, Weibchen unscheinbar bräunlich.
Lebensweise Der anpassungsfähige Buchfink ist im Wald zu Hause, brütet aber heute wirklich fast überall. Meist hüpft er zur Nahrungssuche ruckartig am Boden umher, dabei pickt er Samen von Wildkräutern und Bäumen, aber auch Insekten auf.
Wissenswertes Im Winter sieht man Buchfinken in Schwärmen mit anderen Finken und Ammern umherziehen, häufig sind auch Bergfinken aus dem hohen Norden mit dabei.

Tipp für unterwegs

Wintergast aus dem hohen Norden, den man häufig in Gesellschaft anderer Finken antrifft.

Männchen im Prachtkleid

Bergfink

OKT–APR

Fringilla montifringilla

Merkmale 14–16 cm. Im Winterkleid ähnlich unserem häufigen Buchfink (s. o.), aber die Brust ist mehr orange und im Flug fällt sofort der weiße Bürzel (Bereich oberhalb der Schwanzfedern) auf.
Lebensweise Brutvogel Skandinaviens, Russlands und Sibiriens, wo er in lichten Wäldern brütet. Flieht vor dem schneereichen Winter in Richtung Süden, bis er in schneefreie Gebiete mit einem guten Angebot an Bucheckern gelangt.
Wissenswertes In jüngster Zeit wurden riesige Schwärme von Bergfinken vor allem in Süddeutschland und in der Schweiz beobachtet.

Tipp für unterwegs

Der mächtige, helle Schnabel fällt sofort auf. Meist bemerkt man den Baumkronen-Bewohner aber nur wegen seiner scharfen „zick“-Rufe.

Kernbeißer

JAN–DEZ

Coccothraustes coccothraustes

Merkmale 16–18 cm. Kräftiger, braunroter Vogel mit großem Kopf und sehr kräftigem Schnabel.
Lebensweise Brutvogel in Mischwäldern, aber auch in Parks und Gärten. Trotz seiner auffälligen Gestalt bekommt man ihn nicht oft zu Gesicht, weil er seine Nahrung (Samen von Kirschen, Buchen und anderen Bäumen) meist oben in den Baumkronen sucht und auch hier brütet.
Wissenswertes Die besten Chancen, einen Kernbeißer zu sehen, bestehen im Winter. Dann verlässt er die Baumkronen und sucht sein Futter auch am Boden und sogar am Futterhäuschen.

Grünfink

JAN–DEZ

Carduelis chloris

Tipp für unterwegs

Grünlich gelber Fink mit kräftigem Schnabel. Ruft unverwechselbar den Anfang seines Namens: „Grrrüüüüü"!

Männchen im Flug

Merkmale 14–16 cm. Kräftiger, grünlicher Fink, im Flug fallen die gelben Schwanzränder und gelbe Flügelfelder auf. Weibchen insgesamt weniger grün als Männchen.
Lebensweise Brutvogel in lichten Mischwäldern, an Waldrändern, in kleineren Feldgehölzen und auch in Parks und Gärten. Ernährt sich je nach Jahreszeit von Knospen, Samen und Früchten.
Wissenswertes Grünfinken verzehren besonders gern Hagebutten. Am Winter-Futterplatz sind sie sehr dominant und verjagen oft kleinere Vögel.

Erlenzeisig

JAN–DEZ

Carduelis spinus

Tipp für unterwegs

Turnen im Winter oft in Schwärmen an Erlen herum, wo sie die Samen aus den kleinen Erlenzapfen herauspicken (Name).

Weibchen

Merkmale 11–13 cm. Kleiner, gelblich grün und schwarz gestrichelter Fink mit feinem Schnabel.
Lebensweise Brütet in lichten Nadelwäldern und in Gärten mit Fichten. Brutbeginn abhängig vom Angebot an Fichtensamen, in manchen Jahren schon ab Februar, meist aber ab März. Im Winter sieht man Erlenzeisige gern in Wassernähe an Erlen, Weiden oder Pappeln.
Wissenswertes Die Brutbestände des Erlenzeisigs sind starken lokalen Schwankungen unterlegen, je nach Nahrungsangebot. Dasselbe gilt auch für die bei uns überwinternden Erlenzeisig-Schwärme aus dem hohen Norden.

Fichtenkreuzschnabel

JAN–DEZ

Loxia curvirostra

Tipp für unterwegs

Immer an Nadelbäumen, brütet auch mitten im Winter. Typisch ist der kräftige Schnabel mit überkreuzten Spitzen (Name).

Merkmale 15–17 cm. Männchen (li.) überwiegend leuchtend rot, Weibchen (re.) grünlich braun. Beide mit überkreuztem Schnabel, der ideal geeignet ist, um Nadelbaum-Samen aus den Zapfen herauszupulen.
Lebensweise Brutvogel in Nadelwäldern und auch in Parks mit Nadelbäumen. Der Fichtenkreuzschnabel ist stark abhängig von der Verfügbarkeit an Nadelbaum-Samen. Sind sie reif, brütet er auch schon im Januar.
Wissenswertes Weiter nördlich, in Skandinavien bis Sibirien, brütet die Zwillingsart, der noch etwas kräftigere Kiefernkreuzschnabel, von denen vereinzelte Vögel auch schon in Deutschland aufgetaucht sind.

Auf Wiese und Feld

Tipp für unterwegs

Aufgescheucht rennt es schnell und fliegt dann mit einem burrenden Fluggeräusch knapp über dem Boden davon.

Flugbild

Rebhuhn
Perdix perdix

JAN–DEZ

Merkmale 28–32 cm. Kleiner als ein Haushuhn, schlicht braungrau marmoriert mit orangerotem Gesicht. Im Flug fällt der rostrote Schwanz auf.
Lebensweise Ursprünglich ist das Rebhuhn ein Steppenvogel; in Mitteleuropa nutzt es offene Weiden und Felder als Ersatzsteppe.
Wissenswertes Die Intensivierung der Landwirtschaft mit Giftspritze und zu häufiges Mähen hat das Rebhuhn vielerorts aussterben lassen, auch fehlen naturbelassene Ackerränder und Feldhecken zum Verstecken.

Tipp für unterwegs

Männchen mit überlangem Schwanz. Oft wenig scheu, da es sich meist um Volierenvögel handelt, die zu Jagdzwecken ausgesetzt wurden.

Fasan, Jagdfasan
Phasanius colchicus

JAN–DEZ

Merkmale 55–85 cm. Männchen (li.) bunt mit rotem Gesicht; blauschillerndem Hals, rotbraun marmoriertem Körper und langem Schwanz. Weibchen (re.) schlicht gelbbraun.
Lebensweise Lebt in Feldern und Wiesen mit ausreichend Deckungsmöglichkeit. Hier ernährt er sich sehr vielseitig von Sämereien, Früchten, Wurzeln, Pilzen und Insekten.
Wissenswertes Der Fasan ist ursprünglich in Asien zu Hause. Beliebt als Jagdobjekt wurde er wohl schon von den Römern in Mitteleuropa ausgesetzt. Hier kann er sich nur durch Zufütterungen und weitere Freilassung gezüchteter Fasane halten.

Tipp für unterwegs

Sehr kleines, scheues Huhn, das man eher hört als sieht: Sein „Pick-werwick“ wiederholt es meist vier- bis siebenmal.

Wachtel
Coturnix coturnix

MAI–OKT

Merkmale 16–18 cm. Eine Wachtel ist nicht größer als eine Amsel und dabei tarnfarben und kurzschwänzig. Typisch: Wachteln fliegen bei Gefahr kaum auf, sondern flüchten zu Fuß durchs hohe Gras.
Lebensweise Lebt heimlich in warmem, offenem Grasland, wo es sein kleines Nest gut versteckt am Boden baut.
Wissenswertes Eher ungewöhnlich für einen Hühnervogel ist die Wachtel ausgesprochen reiselustig. Sie zählt sogar zu den Langstreckenziehern: Den Winter verbringen viele Vögel in Afrika und kehren erst im Mai zu uns zurück. Doch etliche sterben auf der Reise durch die von anhaltender Dürre betroffene Sahelzone.

Tipp für unterwegs

Weißstörche nisten bei uns meist in menschlicher Nähe auf künstlichen Nestern, die auf Dächern und Masten angebracht wurden.

unverwechselbares Flugbild

Weißstorch

Ciconia ciconia

MÄRZ–SEPT

Merkmale 95–110 cm. Weiß und schwarz mit langen, roten Beinen, langem Hals und langem, rotem Schnabel. Fliegt mit brettartig ausgebreiteten Flügeln, die von unten kontrastreich schwarz-weiß sind.
Lebensweise Kulturfolger, der feuchte, offene Wiesen zur Nahrungssuche braucht. Frisst nicht nur Frösche, sondern auch Regenwürmer, Heuschrecken, Mäuse und Eidechsen.
Wissenswertes Unsere intensiv bewirtschafteten, trocken gelegten Wiesen geben heute einfach nicht mehr genügend Nahrung her.

Tipp für unterwegs

Hauptsächlich als Wintergast und dann kaum zu verwechseln, weil die bei uns brütenden Wiesen- und Rohrweihen im Winter nicht bei uns sind.

Kornweihe

Circus cyaneus

JAN–DEZ

Merkmale 42–55 cm. Eleganter Greifvogel mit schlanken Flügeln. Männchen (li.) hellgrau mit schwarzen Flügelspitzen und typischem, weißem Bürzel (vgl. Wiesenweihe, s. u.), Weibchen (re.) braun marmoriert mit weißem Bürzel.
Lebensweise Bodenbrüter in Moor- und Heidegebieten und in Küstendünen. Weicht mit der zunehmenden Zerstörung dieser Lebensräume auf junge Fichtenforste und Getreidefelder aus, wo der Bruterfolg aber oft schlecht ist.
Wissenswertes Viele Brutpopulationen sind bei uns erloschen, so kommt die Kornweihe in Mitteleuropa nur noch inselartig vor.

Tipp für unterwegs

Weihen-typisch sind der lange Schwanz und die langen, schmalen Flügel, die Weihen im gleitenden Segelflug schräg nach oben halten.

Wiesenweihe

Circus pygargus

APR–SEPT

Merkmale 39–50 cm. Kleiner, schlanker und eleganter als ein Mäusebussard. Männchen (li.) hellgrau mit schwarzen Flügelspitzen (zum Vergleich Kornweihe, s. o.) und schwarzem Flügelstreif, Weibchen (re.) braun marmoriert mit weißem Bürzelfleck.
Lebensweise Bodenbrütender Greifvogel in feuchten und trockenen, offenen Landschaften. Das können Moore sein oder Schilfröhricht, aber auch Getreideäcker, hauptsächlich Wintergerste. Erbeutet in niedrigem Suchflug Mäuse, aber auch Reptilien und Insekten.
Wissenswertes Außer in Polen ist die Wiesenweihe in ganz Mitteleuropa stark gefährdet.

Tipp für unterwegs

Zieht im Winter ans Mittelmeer, jedoch überwintern einzelne Rotmilane auch zunehmend bei uns.

tief gegabelter Schwanz

Rotmilan

FEB–OKT

Milvus milvus

Merkmale 60–70 cm. Eleganter Greifvogel mit rostrotem, gegabeltem Schwanz und kontrastreichen Flügeln. Junge Rotmilane können leicht mit dem Schwarzmilan (s. u.) verwechselt werden, bei denen die Schwanzgabel jedoch nicht so ausgeprägt ist.
Lebensweise Jagt über offenem Gelände, braucht zum Brüten und Ruhen aber Waldränder oder Feldgehölze.
Wissenswertes Zwei Drittel des Rotmilan-Weltbestandes brütet in Mitteleuropa; so tragen wir Mitteleuropäer eine besondere Verantwortung zum Erhalt dieses schönen Greifvogels.

Tipp für unterwegs

Da der Schwarzmilan gern tote oder kranke Fische erbeutet, ist er besonders von der Vergiftung unserer Gewässer betroffen.

Schwanz weniger tief gegabelt

Schwarzmilan

MÄRZ–AUG

Milvus migrans

Merkmale 48–58 cm. Dunkelbraun mit langen Flügeln und schwach eingekerbtem Schwanz (vgl. Rotmilan, s. o.).
Lebensweise Jagt in offenen Landschaften in Gewässernähe, wo man ihn bei seinen niedrigen Suchflügen beobachten kann. Braucht zum Brüten ältere Laubwälder. In Mitteleuropa sind Schwarzmilane nicht häufig zu sehen.
Wissenswertes Im Gegensatz zum Rotmilan, der im Winter nur bis nach Frankreich und Spanien zieht, überwintern die mitteleuropäischen Schwarzmilane hauptsächlich in Afrika südlich der Sahara.

Tipp für unterwegs

In Mitteleuropa nur im Winter zu sehen Ähnlich Mäusebussard, rüttelt aber häufiger. Typisch: weißer Schwanz mit schwarzer Endbinde.

Raufußbussard

OKT–APR

Buteo lagopus

Merkmale 49–59 cm. Großer, langflügliger Bussard mit auffallend weißem Schwanz, der eine dunkle Endbinde hat. Ansonsten ist der Raufußbussard, genau wie der Mäusebussard sehr variabel gefärbt.
Lebensweise Brutvogel des hohen Nordens, bei uns nur Wintergast. Fliegt in offenem Gelände über feuchten Wiesen und Weiden, aber auch über Äckern.
Wissenswertes Bei dichter Schneedecke erbeutet der Raufußbussard zunehmend auch Vögel, diese machen aber nicht mehr als 11 % seiner Nahrung aus. Auch bereits tote Tiere werden dann gern genommen.

Tipp für unterwegs

Unser häufigster Greifvogel, den man oft in kreisendem Segelflug sieht. Typisch ist sein miauender Ruf „hii-jäh“.

Flugbild

Mäusebussard

Buteo buteo JAN–DEZ

Merkmale 46–58 cm. Mittelgroßer Greifvogel mit einer Flügelspannweite von 115–138 cm. Sehr variabel gefärbt, es kommen sogar fast weiße Mäusebussarde vor. Im Winter sollte immer geschaut werden, ob es sich möglicherweise um einen Raufußbussard (s. o.) handelt.
Lebensweise Fast überall zu beobachten, vom Tiefland bis hoch ins Gebirge und zum Teil sogar mitten in Städten, solange einige Bäume zum Brüten vorhanden sind. Typisch ist die Ansitzjagd auf Feldmäuse von erhöhten Sitzwarten aus.
Wissenswertes Alter und Geschlecht spielen bei der Färbung des Mäusebussards keine Rolle, sogar Geschwister aus demselben Wurf können ganz unterschiedlich aussehen.

Tipp für unterwegs

Häufiger Greifvogel, nicht größer als eine Taube. Kulturfolger in Dörfern und Städten. Steht rüttelnd in der Luft.

typischer Rüttelflug

Turmfalke

Falco tinnunculus JAN–DEZ

Merkmale 31–36 cm. Zierliche Gestalt, lange, spitze Flügel und der lange Schwanz sind charakteristisch. Rücken rotbraun, Brust cremefarben mit dunklen Tropfenflecken, das Männchen hat einen mausgrauen Kopf.
Lebensweise Braucht zum Jagen Wiesen und Felder mit niedrigem Bewuchs, brütet an Waldrändern, in Felswänden, auf Telegrafenmasten und auf hohen Gebäuden mitten in Städten. Jagt aus dem Rüttelflug Feldmäuse.
Wissenswertes Um Energie zu sparen, ändert der Turmfalke im Winter seine Jagdstrategie: Er wartet dann öfter auf erhöhten Aussichtsplätzen, bis er eine Maus erspäht.

Tipp für unterwegs

Zwergfalke, nicht größer als eine Amsel. Bei uns nur im Winterhalbjahr zu beobachten. Jagt pfeilschnell knapp über dem Boden.

Merlin

Falco columbarius SEPT–APR

Merkmale 26–32 cm. Sehr kleiner, dunkler Falke mit spitzen Flügeln und relativ kurzem Schwanz. Merlin-Männchen oberseits blaugrau, Bauch orange mit feiner Strichelung. Merlin-Weibchen oberseits graubraun, Bauch weißlich mit braunen Flecken.
Lebensweise Jagt Kleinvögel, die er in rasanten Verfolgungsmanövern erbeutet. Brütet in nordischen Birken- und Kiefernwäldern.
Wissenswertes Kann im Winter mit dem Sperber-Männchen (→ S. 10) verwechselt werden.

Tipp für unterwegs

Lebt scheu und versteckt, verrät sich an lauen Abenden im Mai und Juni durch seine zweisilbigen „crex-crex“-Rufe.

Wachtelkönig

Crex crex

APR–SEPT

Merkmale 22–25 cm. Wie ein kleines, schmales Rebhuhn (→ S. 50) mit längeren Beinen.
Lebensweise Brütet auf deckungsreichen, extensiv genutzten Wiesen, wo er sein Bodennest gut versteckt. Seine Nahrung besteht aus Insekten, Pflanzen und Sämereien.
Wissenswertes Der Wachtelkönig zählt zu den Rallen und ist ein naher Verwandter der überall häufigen Teich- und Blässhühner (→ S. 118). Anders als diese ist er aber ein Langstreckenzieher; er überwintert im tropischen Afrika.

Tipp für unterwegs

Im Winter in dichten Schwärmen auf küstennahen Wiesen und Feldern. Im Flug fallen die langen, spitzen Flügel auf.

im Schlichtkleid

Goldregenpfeifer

Pluvialis apricaria

JAN–DEZ

Merkmale 25–28 cm. Gold gesprenkelter, recht plump wirkender Wiesenvogel mit langen Beinen. Zur Brutzeit mit schwarzem Bauch. Der Goldregenpfeifer pfeift weich und melodisch weit hörbar „düh“.
Lebensweise Brutvogel der skandinavischen Tundren und Fjells, bei uns sehr seltener Brutvogel in ausgedehnten Mooren Norddeutschlands. Im Winter häufiger Gast, zur Zugzeit auch im Wattenmeer zu beobachten.
Wissenswertes Der Goldregenpfeifer war vor der großflächigen Zerstörung unserer Moore ein regelmäßiger Brutvogel in Mitteleuropa.

Tipp für unterwegs

Unverwechselbarer, kontrastreicher Vogel mit Federtolle auf dem Kopf. Gaukelnder Flug, wobei die breiten, runden Flügel auffallen.

breite, rundliche Flügel

Kiebitz

Vanellus vanellus

JAN–DEZ

Merkmale 28–31 cm. Dunkler Rücken mit Metallglanz, weißer Bauch und schwarze Brust – auch im Flug wirkt der Kiebitz ausgesprochen kontrastreich. Typisch sind seine quäkenden „kiiii-uuiiet“-Rufe.
Lebensweise Ursprünglich ein Brutvogel feuchter Wiesen, muss der Kiebitz zunehmend auf trockengelegtem Grünland und auf Äckern brüten. Seine Nahrung besteht aus Regenwürmern, Insekten und anderen kleinen Bodentieren.
Wissenswertes Zu häufige Mahden und zu wenig Insekten und Würmer auf zu intensiv genutzten Wiesen lassen unseren einst häufigen Wiesenvogel immer seltener werden.

Großer Brachvogel

Numenius arquata

JAN–DEZ

Merkmale 48–57 cm. So groß wie ein Haushuhn, aber mit längerem Hals, langen Beinen und vor allem sehr auffälligem, bis 17 cm langem Schnabel. Im Flug leuchtet der weiße Bürzel am sonst tarnfarbenen Gefieder.
Lebensweise Brütet auf Wiesen und in Mooren, seine Nahrung besteht aus Würmern, Insekten und deren Larven und anderem Kleingetier.
Wissenswertes Seine Brutortstreue und lange Lebensdauer täuschen mancherorts stabile Bestände vor, doch der Bruterfolg des Brachvogels auf intensiv genutzten Wiesen ist heute zum Erhalt der Populationen nicht mehr ausreichend.

Tipp für unterwegs

Auffallend großer, aber gut getarnter Wiesenvogel mit langem, abwärts gebogenem Schnabel. Flötet melancholisch „kür-lie".

weißer Rückenkeil im Flug

Uferschnepfe

Limosa limosa

MÄRZ–AUG

Merkmale 37–42 cm. Im Sommer mit orangerotem Hals, Brust und Bauch, im Winter sind diese Partien schlicht weißlich gefärbt. Im Flug fallen sommers wie winters die breiten, weißen Flügelbinden und der weiße Bürzel auf.
Lebensweise Baut das Nest am Boden, wo Eier und Küken oft dem Mäher zum Opfer fallen. Ernährt sich von Regenwürmern, Käfern, Schnecken und Sämereien.
Wissenswertes Zur Zugzeit und im Winter kann man an der Nordseeküste die ähnliche Pfuhlschnepfe (→ S. 142) beobachten. Im Flug deutlich sichtbar: Sie hat keine weißen Flügelbinden.

Tipp für unterwegs

Wie all unsere Wiesenvögel durch zu häufiges Mähen und durch Trockenlegungen von Feuchtwiesen bedroht.

im Schlichtkleid

Bekassine

Gallinago gallinago

JAN–DEZ

Merkmale 23–28 cm. Langer Schnabel und tarnfarbenes, gestreiftes Gefieder.
Lebensweise Brütet auf Feuchtwiesen, in Mooren und kleineren Sümpfen im Kulturland, wo sie ihr Bodennest im Gras baut. Stochert mit dem pinzettenartigen Schnabel nach kleinen Schnecken, Krebschen, Würmern und Insektenlarven.
Wissenswertes Die Art leidet nicht nur unter der Zerstörung ihrer Feucht-Lebensräume: Jährlich werden in Europa 1,5 Millionen Bekassinen auf dem Zug und in den Überwinterungsgebieten am Mittelmeer und in Afrika geschossen.

Tipp für unterwegs

„Himmelsziege": Steigt im Zickzackflug gen Himmel und macht mit den Federn Fluggeräusche, die Ähnlichkeit mit einer meckernden Ziege haben.

Tipp für unterwegs

Ruft dreisilbig „Hu-huh-hu" (vgl. Ringeltaube → S. 12) mit Betonung auf der mittleren Silbe. Bei der Landung hört man ihr typisches „chwääh".

Türkentaube

JAN–DEZ

Streptopelia decaocto

Merkmale 31–34 cm. Blass wirkende, beige-rosafarbene Taube. Von Straßentauben (→ S. 174) durch geringere Größe und den recht langen Schwanz zu unterscheiden.
Lebensweise Lebt in Dörfern und Städten, gern in Tiergärten und auf Geflügelhöfen. Die Türkentaube ernährt sich von Früchten, Samen, Blättern und am liebsten von Tierfutter. Baut ihr Reisignest auf Bäumen und Sträuchern, aber auch an Gebäuden.
Wissenswertes Ursprünglich in Asien beheimatet (Name!), hat die Türkentaube seit den 1930er-Jahren ausgesprochen erfolgreich fast ganz Europa (mit Ausnahme des arktischen Nordens) besiedelt.

Tipp für unterwegs

Seltene, nur amselgroße Taube mit braunschwarz kariertem Farbmuster. Im Flug fällt die schmale, weiße Endbinde am Schwanz auf.

Turteltaube

APR–SEPT

Streptopelia turtur

Merkmale 25–27 cm. Kleinste europäische Taube. Typisch: An den Halsseiten hat sie jeweils mehrere, feine, schwarze Streifen untereinander.
Lebensweise Bewohnt abwechslungsreiches, offenes und lichtes Kulturland, gern in Weinbaugebieten. Baut ihr flaches Reisignest auf Sträuchern, Bäumen oder an Felsen. Ernährt sich rein vegetarisch von Samen und Früchten, trinkt gern und viel.
Wissenswertes Unsere einzige Taube, die im Winter fortzieht und das bis südlich der Sahara. Dabei werden auf dem Zug jedes Jahr extrem viele Turteltauben geschossen, hauptsächlich in Senegal und in Frankreich.

Tipp für unterwegs

Jeder kennt den „Kuckuck! Kuckuck!"-Ruf, man sieht ihn dabei aber selten. Wird oft für einen Sperber gehalten.

Teichrohrsänger füttert Kuckucksküken

Kuckuck

APR–SEPT

Cuculus canorus

Merkmale 32–36 cm. Wie ein kleiner Greifvogel, doch mit feinem Schnabel. Der Kuckuck kommt in zwei Farbvarianten vor: Es gibt graue und rotbraune Kuckucke.
Lebensweise Kommt im April aus Afrika zu uns zurück und sucht u. a.in feuchten Wiesen nach geeigneten Nestern, in die er seine Eier legen kann. Der Kuckuck baut selber kein Nest und brütet auch nicht selbst.
Wissenswertes Die Vögel, denen der Kuckuck seine Eier unterschiebt, sind fast immer sehr viel kleiner als der Kuckuck. Frisch geschlüpft wirft das Kuckuck-Küken seine Stiefgeschwister hinaus.

Tipp für unterwegs

Auffälliger, herzförmiger Gesichtsschleier (Name). Kulturfolger, der in Kirchen und Scheunen brütet.

Schleiereule

JAN–DEZ

Tyto alba

Merkmale 33–39 cm. Sehr helle Eule, goldbraun und weiß gefärbt. Flug gespenstisch lautlos. Die Schleiereule ruft kreischend „chrüü".

Lebensweise Jagt über ortsnahen Wiesen und Feldern nach Feldmäusen. In strengen Wintern verhungert sie, wenn sie nicht Zugang zu Scheunen hat, in denen sie Mäuse findet.

Wissenswertes Ursprünglich brütet die Schleiereule in Fels- oder Baumhöhlen, was in Südeuropa und in England und Schottland auch der Fall ist. In Mitteleuropa hingegen schloss sich die schöne Eule eng dem Menschen an.

Tipp für unterwegs

Bekannteste, kleine Eule. Wenig scheu und auch häufig tagsüber auf Sitzwarten zu beobachten. Durch Lebensraumverlust heute stark bedroht.

Steinkauz

JAN–DEZ

Athene noctua

Merkmale 23–27 cm Kleine Eule, nicht größer als eine Amsel (vergleiche Raufußkauz → S. 14) mit großen gelben Augen, weißen Augenbrauen und weiß getupftem Gefieder.

Lebensweise Bewohnt bei uns in Mitteleuropa Dorfrandbereiche mit höhlenreichen, extensiv genutzten Streuobstwiesen und beweidetes Grünland mit Kopfweiden. Erbeutet Insekten, Regenwürmer und Feldmäuse.

Wissenswertes Den Namen „Steinkauz" trägt er, weil er seit vielen Jahrhunderten auch menschliche Gebäude wie Viehställe, kleine Kirchen oder Ruinen zum Brüten nutzt. Durch Hilfsprogramme versucht man heute die schrumpfenden Bestände zu retten.

Tipp für unterwegs

Auch tagsüber zu sehen. Im Flug fallen die hellen Unterseiten der Flügel und die schräg nach oben gehaltenen Flügel auf.

Flugbild

Sumpfohreule

JAN–DEZ

Asio flammeus

Merkmale 33–40 cm. Schilfgelbe Eule mit dunkelbraunen Flecken. Typisch ist das helle Gesicht der Sumpfohreule mit leuchtend gelben Augen.

Lebensweise Bewohnt weite, baumfreie Feuchtgebiete und Steppen wie Moore, Dünen und Sümpfe (Name!), wo sie ihr Nest am Boden baut. Erbeutet Feldmäuse; nur wenn diese knapp werden, steigt sie auf Vogelnahrung um.

Wissenswertes Durch die Zerstörung ihrer Lebensräume ist die Art europaweit gefährdet. Brütet in Mitteleuropa vor allem auf den ost- und westfriesischen Inseln.

Ziegenmelker, Nachtschwalbe APR–SEPT
Caprimulgus europaeus

Merkmale 24–28 cm. Rindenfarben mit kurzen Beinen und feinem Schnabel.
Lebensweise Heimlicher, nachtaktiver Vogel in Heidegebieten und in lichten Kiefernwäldern, nirgends häufig. Bei uns auch auf Truppenübungsplätzen. Baut kein Nest, legt seine Eier einfach in eine Bodenmulde.
Wissenswertes Ende Mai hört man die Ziegenmelker-Männchen in der Abenddämmerung balzen: Bis zu neun Minuten lang erklingt dann ihr eintöniges Schnurren. Beim Auffliegen klatschen sie mit den Flügeln.

Tipp für unterwegs

Melkt keine Ziegen! Früher glaubte man das vielleicht, weil er abends in der Nähe vom Weidevieh fliegt. Doch da erbeutet er nur nachtaktive Insekten.

Bienenfresser MAI–SEPT
Merops apiaster

Merkmale 25–29 cm. Unverwechselbar leuchtend türkis, gelb und rotbraun mit langem, gebogenem Schnabel.
Lebensweise Wärmeliebende Art, die hauptsächlich im Mittelmeerraum zu Hause ist. Erbeutet stechende Insekten wie Bienen, Wespen und Hummeln. Brütet in langen Höhlen in lehmigen Steilhängen.
Wissenswertes Der Bienenfresser zählt zu den Arten, die von der Klimaerwärmung profitieren: So erweitert der schöne Vogel sein Brutgebiet in Richtung Norden und wurde sogar schon in Dänemark nachgewiesen.

Tipp für unterwegs

Atemberaubend bunt und schön, mutet tropisch an. Sitzt gern zu mehreren auf Leitungsdrähten. Ruft rollend „prüüt“.

Ober- und Unterseite

Wiedehopf APR–SEPT
Upupa epops

Merkmale 25–29 cm. Unverwechselbar mit seiner zebraartigen Streifung und seinem langen Schnabel.
Lebensweise Bewohnt warme, halboffene Landschaften mit Baumhöhlen, in denen er brütet. Läuft kopfnickend in schütterer Vegetation umher und pickt nach Grillen, Heuschrecken, Ameisen und anderen Kleintieren. Ab August beginnt der Wegzug in die Wintergebiete – nach Indien, Afrika und Südspanien.
Wissenswertes Ursprünglich auch bei uns verbreiteter Brutvogel, heute durch den Rückgang der Insektennahrung und das Entfernen von Altholz (Bruthöhlen) selten und in vielen Gebieten ganz fehlend.

Tipp für unterwegs

Ruft weit hörbar „hup-hup-hup“. Typisch: Seine Federhaube, die er beim Landen aufstellt. Fliegt flatterhaft-schmetterlingsartig.

Neuntöter

MAI–OKT

Lanius collurio

Tipp für unterwegs

Mit Banditenmaske, spießt in dornigen Hecken seine Beutevorräte auf. Ruft breit „drääääät".

Merkmale 16–18 cm. Sein rotbrauner Rücken und der graue Kopf mit schwarzer Augenmaske machen das Männchen (li.) unverwechselbar, Weibchen (re.) viel schlichter.
Lebensweise Bewohnt heckenreiche Wiesenlandschaften, in denen auf Dünger und Gifte verzichtet wird. Denn der Neuntöter ernährt sich von Käfern, Heuschrecken, Grillen und anderen Insekten, die hier vorkommen. Im Schutz dichter Dornenbüsche baut er sein recht großes, doch gut verstecktes Nest.
Wissenswertes Den Namen „Neuntöter" bekam er, weil er angeblich erst neun Tiere aufspießt, bevor er eines frisst. Das stimmt aber nicht.

Raubwürger

JAN–DEZ

Lanius excubitor

Tipp für unterwegs

Sitzt gern exponiert auf Baumwipfeln oder Leitungsdrähten. Startet von hier aus Beuteflüge, rüttelt dabei häufig in der Luft. Ruft „schäk-schäk".

Merkmale 22–26 cm. Kontrastreich grau, schwarz und weiß mit schwarzer Räubermaske.
Lebensweise Brütet in ausgedehnten Moor- und Heidegebieten und auch in reich strukturierten Kulturlandschaften wie Streuobstwiesen und Brachen. Erbeutet hier große Insekten, aber auch Frösche, Eidechsen, Mäuse und Singvögel. Besonders in schneereichen Wintern stellen Vögel die Hauptnahrung.
Wissenswertes Ursprünglich war der Raubwürger in ganz Mitteleuropa ein regelmäßiger Brutvogel, heute kommt er hier nur noch selten und inselartig vor.

Elster

JAN–DEZ

Pica pica

Tipp für unterwegs

Brüten zunehmend in Städten, wo kein Jäger ihnen nachstellt und wo sie außerdem ganzjährig reichlich Futter finden.

auffällig langer Schwanz

Merkmale 40–50 cm. Schwarz-weiß mit schillernd blauen Flügelfeldern und langem Schwanz, im Flug fallen die runden Flügel auf. Ruft laut „schack-schack-schack".
Lebensweise Auf Wiesen und Feldern mit Büschen und Einzelbäumen. Das typische runde, locker aus Reisig geflochtene Elsternest kann man im Winter häufig finden.
Wissenswertes Immer wieder wird aus Jägerkreisen gefordert, Elstern wie auch andere Rabenvögel abzuschießen. Tatsächlich rauben diese aber nicht mehr Jungvögel oder Eier als Eichhörnchen, Buntspechte, Eulen und Hauskatzen.

Dohle
JAN–DEZ
Coloeus monedula

Tipp für unterwegs

Brütet in Städten in der Nähe von Tauben. Da Dohlen auch Taubenfutter fressen, werden sie bei der Bekämpfung der Taubenplage häufig mit vergiftet.

Merkmale 30–34 cm. Die Dohle ist ein niedlich wirkender Krähenvogel mit kurzem Schnabel, grauem Nacken und auffallend hellen Augen.
Lebensweise In parkartigen Landschaften, wobei er auf offenen Flächen nach Nahrung sucht. Das sind im Sommer hauptsächlich Insekten und andere Kleintiere, später im Jahr dann Beeren, Getreide, Eier, Mäuse und Jungvögel sowie Haushaltsabfälle.
Wissenswertes Im Winter oft in Schwärmen zusammen mit Saat- und Rabenkrähen. Dohlen erkennt man darin leicht an ihren hellen „kja"-Rufen, die keine Ähnlichkeit mit dem Krächzen der Krähen haben.

Rabenkrähe
JAN–DEZ
Corvus corone

Tipp für unterwegs

Obwohl es keine Belege dafür gibt, dass Krähen einen negativen Einfluss auf den Bestand von Kleinvögeln haben, werden sie noch immer verfolgt.

Nebelkrähe

Merkmale 44–50 cm. Schwarzer Krähenvogel (mit „Rabe" ist meist der Kolkrabe gemeint → S. 22) mit schwarzem Schnabel (vgl. Saatkrähe, s. u.).
Lebensweise Im Gegensatz zur geselligen Saatkrähe brüten Rabenkrähen einzeln. Ursprünglich Brutvogel in Feldgehölzen, wegen Verfolgung durch den Menschen zunehmend auch in Städten.
Wissenswertes Im Norden und Osten Mitteleuropas wird die Rabenkrähe von der Nebelkrähe abgelöst. Sie ist leicht an ihrem silbergrauen Rücken- und Bauchgefieder zu erkennen.

Saatkrähe
JAN–DEZ
Corvus frugilegus

Tipp für unterwegs

Brütet im Gegensatz zur Rabenkrähe (s. o.) in Kolonien; wegen Verfolgung durch Jäger findet man diese zunehmend in Städten.

Saatkrähenkolonie

Merkmale 40–50 cm. Schwarzer Krähenvogel mit unbefiederter Schnabelwurzel, weshalb der Schnabel insgesamt hell wirkt. Jungvögel haben noch eine befiederte Schnabelwurzel, so können sie leicht mit der Rabenkrähe (s. o.) verwechselt werden.
Lebensweise In offenem Kulturland mit Bäumen, auf denen viele Saatkrähen dicht an dicht nebeneinander ihre Reisignester bauen und brüten.
Wissenswertes Im Winter kann man bei uns große Saatkrähen-Schwärme beobachten. Das sind nicht alles heimische Saatkrähen, sondern Wintergäste aus nordöstlichen Brutgebieten.

Haubenlerche

JAN–DEZ

Galerida cristata

Tipp für unterwegs

Stellt oft ihre Federhaube auf und flötet „di-dji-djii". Abwechslungsreicher Gesang, wobei sie viele andere Vogelstimmen imitiert.

Merkmale 17–19 cm. Plump wirkende Lerche mit Federhaube und kurzem Schwanz. Im Flug gut zu sehen: die rostbraunen Schwanzaußenkanten, die rostroten Achseln und die breiten Flügel.
Lebensweise Brutvogel auf Ödland mit spärlichem Bewuchs, auf Bahndämmen und an Stadträndern. Brütet in einer Bodenmulde. Ist auf abwechslungsreiche Insekten- und Sämereienkost angewiesen.
Wissenswertes Die Haubenlerche zeigt fast überall in Mitteleuropa starke Bestandseinbußen. Grund dafür sind Nahrungsmangel und weiter zunehmender Lebensraumverlust.

Heidelerche

MÄRZ–OKT

Lullula arborea

Tipp für unterwegs

Wirkt im Flug durch breite Flügel und kurzen Schwanz fledermausartig. Steigt meist von einer Baumspitze spiralförmig zum Singflug auf.

Merkmale 14–15 cm. Von anderen Lerchen durch weiße Augenstreifen, ihren lebhaft gestreiften Rücken und den kurzen Schwanz zu unterscheiden.
Lebensweise Brutvogel auf sandig-warmen Böden mit schütterer Vegetation und erhöhten Sing- und Beobachtungswarten. Baut ihr Bodennest gut versteckt zwischen vorjährigen Grasbüscheln.
Wissenswertes Ihr Gesang ist wohlklingend und unverwechselbar melancholisch: „tiu-tiu-tiu ... dije-dije-dije ... lülülülülü ..." Gegen Ende wird er immer schneller und lauter und fällt in der Tonhöhe ab.

Feldlerche

FEB–OKT

Alauda arvensis

Tipp für unterwegs

Ehemals häufige Lerche, doch mittlerweile gilt auch sie als gefährdete Art. Typisch: Ihre langen Flügel und der lange Schwanz.

singt oft im Flug

Merkmale 16–18 cm. Von Haubenlerche und Heidelerche (s. o.) durch langen Schwanz und den anhaltenden, trillernden Gesang zu unterscheiden.
Lebensweise Wie all unsere Lerchen ursprünglich ein Brutvogel der Steppen. Bei uns hat sich die Feldlerche Äcker und Wiesen als Lebensraum erobert, hat hier aber heute stark unter der Intensivierung der Landwirtschaft zu leiden.
Wissenswertes Feldlerchen fallen im Frühjahr oft auf kahl daliegende Wiesen und Felder ein. Durch hohe Düngegaben wächst hier in rasender Geschwindigkeit Gras oder Mais – und die Lerchenküken verhungern.

Tipp für unterwegs

Unsere häufigste Schwalbe; klebt ihre Lehmnester meist ins Innere von Ställen und Scheunen.

lange Schwanzspieße

Rauchschwalbe

APR–OKT

Hirundo rustica

Merkmale 17–20 cm. Durch lange Schwanzspieße und Rot am Hals und im Gesicht kaum mit Mehlschwalbe (s. u.) und Uferschwalbe (→ S. 124) zu verwechseln.
Lebensweise Jagt Insekten in rasantem Flug; bei schlechtem Wetter uber Gewässern. Braucht Lehm zum Nestbau; brütet oft in Kolonien.
Wissenswertes Schon im Spätsommer sieht man Schwalben oft in großen Schwärmen auf Leitungsdrähten sitzen. Hier sammeln sich die Familien, bilden nachts Schlafgemeinschaften im Schilf, um dann später gemeinsam in ihre afrikanischen Winterquartiere aufzubrechen.

Tipp für unterwegs

Baut napfförmige Lehmnester an Außenwänden von Gebäuden. Kehrt meist später zurück als die Rauchschwalbe.

im Flug weißer Bürzel

Mehlschwalbe

APR–OKT

Delichon urbicum

Merkmale 14–15 cm. Die reinweiße Unterseite, der kurze Schwanz und der im Flug deutlich sichtbare weiße Bürzel charakterisieren die Mehlschwalbe. Die ähnliche Uferschwalbe (→ S. 124) hat keinen weißen Bürzel, dafür aber ein braunes Brustband.
Lebensweise Brutvogel in Dörfern und Städten, gern in Gewässernähe. Erbeutet Mücken, Fliegen, Blattläuse und Wasserinsekten wie Eintags- und Steinfliegen im Flug.
Wissenswertes In den Alpen und im Mittelmeerraum brütet die Mehlschwalbe noch oft an Felswänden, unsere Häuser dienen als Ersatzfelsen.

Tipp für unterwegs

„Heuschreckenschwirl“: Sein Gesang „tsirrrrrrrrr-rrr …“ ähnelt eher dem gleichmäßigen Sirren einer Heuschrecke als einem Vogelgesang.

Feldschwirl

APR–SEPT

Locustella naevia

Merkmale 12–13 cm. Unscheinbar bräunlich mit dunklen Flecken, im Flug fällt der gerundete Schwanz auf. Zur Bestimmung dient aber vielmehr sein lang anhaltender, sirrender Gesang, den man im Mai und Juni sehr häufig hört. Typisch: Weil er beim Singen seinen Kopf dreht und wendet, schwillt der Gesang auf und ab.
Lebensweise Brütet in offenen Landschaften, wo die Vegetation mindestens 20 bis 30 cm hoch ist. Hier baut er sein Nest gut versteckt in Bodennähe.
Wissenswertes Langstreckenzieher, der südlich der Sahara im tropischen Afrika überwintert.

Tipp für unterwegs

Singt versteckt aus Brennnessel-Dickichten. Von Teichrohrsänger und Gelbspötter durch Gesang und Biotop zu unterscheiden.

olivbräunliche Oberseite

Sumpfrohrsänger
MAI–SEPT

Acrocephalus palustris

Merkmale 13–15 cm. Olivbraun ohne Streifen, Unterseite cremeweiß. Typisch ist sein abwechslungsreicher, schwatzender Gesang, wobei er viele andere Vogelstimmen imitiert.
Lebensweise Bewohnt feuchte Hochstaudenfluren mit einzelnen Büschen. Nicht an Schilf gebunden wie der ähnliche Teichrohrsänger. Der Sumpfrohrsänger verflechtet sein Nest an mehreren Krautstängeln.
Wissenswertes Nur 55 Tage verbringt der Sumpfrohrsänger durchschnittlich bei uns im Brutgebiet. Schon im Juli machen sich die ersten Vögel wieder auf den Weg zurück ins afrikanische Winterquartier.

Tipp für unterwegs

Grünlich gelb mit laut schwatzendem Gesang, der meist aus Baumkronen vorgetragen wird. Typisch: die langen, auf- und absteigenden Pfeiftöne.

Gelbspötter
MAI–AUG

Hippolais icterina

Merkmale 12–13 cm. Vom Sumpfrohrsänger (s. o.) durch gelbe Unterseite und typische, lang gezogene Elemente im Gesang zu unterscheiden, vom äußerlich sehr ähnlichen Orpheusspötter (s. u.) durch weniger abwechslungsreichen Gesang abzugrenzen.
Lebensweise Brütet in Feldgehölzen und auch gern in Randlagen von Ortschaften mit Einzelbäumen und -büschen. Singt aus dichtem Blattwerk schon vor Sonnenaufgang. Jagt Insekten und Spinnen. Baut sein Nest hoch oben in Sträuchern und Bäumen.
Wissenswertes Die gelbe Unterseite verblasst im Laufe des Sommers, was die Bestimmung dann erschwert.

Tipp für unterwegs

Wenig häufig und nur lokal verbreitet. Von der Zwillingsart Gelbspötter (s.o.) durch abwechslungsreicheren Gesang zu unterscheiden.

Orpheusspötter
APR–SEPT

Hippolais polyglotta

Merkmale 12–14 cm. Oberseite grauoliv, Unterseite gelb. Rascher Plaudergesang mit zahlreichen Imitationen anderer Vogelstimmen.
Lebensweise Brütet in dichtem Gebüsch und Feldgehölzen in sonnigen Lagen. Singt im Gegensatz zum Gelbspötter auch frei von Warten.
Wissenswertes Ursprünglich waren Orpheus- und Gelbspötter geografisch voneinander getrennt. Der Orpheusspötter ist im Südwesten Europas zu Hause, der Gelbspötter im Nordosten. Der Orpheusspötter breitet sich aber nach Norden und Osten aus und hat bereits Südwest-Deutschland erreicht.

Klappergrasmücke

APR–AUG

Sylvia curruca

Merkmale 12–13 cm. Kleine, graubraune Grasmücke mit reinweißer Kehle, die besonders beim Singen auffällt. Von der ähnlichen Dorngrasmücke (s. u.) am leichtesten durch den typischen, einfachen Gesang zu unterscheiden.
Lebensweise Brütet in Feldgehölzen, Hecken, Parks und Gärten mit dichtem Gebüsch. Die Klappergrasmücke pickt Blattläuse von den Blättern.
Wissenswertes Klappergrasmücken sind Langstreckenzieher, die deshalb schon im Spätsommer ihre Brutgebiete wieder verlassen. Vereinzelte Nachzügler trifft man aber noch bis Anfang Oktober bei uns an.

Tipp für unterwegs

Klappernder Gesang aus dichtem Gebüsch, selbst inmitten von Städten. Singt auch von Buschspitzen aus.

Dorngrasmücke

APR–SEPT

Sylvia communis

Merkmale 13–15 cm. Rostbrauner Rücken und helle Unterseite. Das Männchen mit deutlich grauem Kopf. Männchen steigt im Singflug auf und lässt sich dann stumm ins Gebüsch zurückfallen.
Lebensweise Brütet in halboffenen Landschaften mit Dornengebüsch. Nest nah am Boden in dornigen Sträuchern.
Wissenswertes Dramatische Bestandseinbußen gab es in den 1960er-Jahren als Folge der Dürrejahre in Afrika und dem gleichzeitigen Lebensraumverlust bei uns durch die Intensivierung der Landwirtschaft. Bestände der Dorngrasmücke konnten sich durch Extensivierungsmaßnahmen gebietsweise wieder erholen.

Tipp für unterwegs

Typische, kratzige Strophe: „Duu – Wanderer-wo-gehst-Du hin? – Ich-geh-zurück-nach-Holland! – Wäd-wäd-wäd“.

Gartengrasmücke

MAI–SEPT

Sylvia borin

Merkmale 13–14 cm. Unscheinbar bräunlich, aber mit schönem, melodiösem Gesang ähnlich Mönchsgrasmücke (→ S. 28). Gesang aber länger anhaltend, gleichmäßiger, und es fehlt der „Überschlag“ mit reinen Flötentönen der Mönchsgrasmücke.
Lebensweise In Feldgehölzen, Hecken, Parks, Friedhöfen; eher seltener in Gärten. Hält sich meist in der Deckung auf. Erbeutet kleine Insekten und Spinnen, nach der Brutzeit auch Beeren.
Wissenswertes Das Männchen baut das recht liederliche, lockere Nest, das Weibchen besorgt die Auspolsterung.

Tipp für unterwegs

Häufiger Brutvogel in Gebüschen, man bekommt ihn aber nur selten zu Gesicht. Wer den Gesang kennt, wird ihn entdecken.

Oberseite unauffällig bräunlich

Blaukehlchen

MÄRZ–OKT

Luscinia svecica

Merkmale 13–14 cm. Oberseits olivbraun, Brust auffällig leuchtend blau und rot.
Lebensweise Auf sumpfigen Wiesen, an Gräben und verschilften Gewässerufern. Im Gebirge in Zwergstrauchheiden, in Nordeuropa in sumpfigen Fjells und Tundren.
Wissenswertes Zwei Formen des Blaukehlchens werden in Europa voneinander unterschieden: Das Weißsternige Blaukehlchen mit seinem weißen Fleck auf der blauen Brust brütet im mitteleuropäischen Tiefland, das Rotsternige Blaukehlchen mit rotem Fleck auf blauer Brust in Skandinavien sowie vereinzelt in den Hochlagen der Alpen und Karpaten.

Tipp für unterwegs

Wie ein Rotkehlchen, aber mit leuchtend blauer und roter Brust. Typisch: Weißer Überaugenstreif und rostbraune Schwanzwurzel.

Rotsterniges Blaukehlchen

Braunkehlchen

APR–SEPT

Saxicola rubetra

Merkmale 12–14 cm. Rindenartig gemusterter Rücken, rostrote Kehle und Brust, weißer Überaugenstreif und weiß im Schwanz (vgl. Schwarzkehlchen, s. u. und Steinschmätzer → S. 82). Männchen außerdem mit weißen Flügelfeldern.
Lebensweise Auf extensiv bewirtschafteten Wiesen und Weiden mit vertikalen Sitzwarten. Braucht reichlich Insektennahrung und Spinnen, im Spätsommer auch Beeren.
Wissenswertes Einst ein häufiger Wiesenvogel ist das Braunkehlchen durch die Übernutzung unserer Wiesen überall stark zurückgegangen.

Tipp für unterwegs

Sitzt in aufrechter Haltung auf erhöhten Sitzwarten und zuckt häufig mit den Flügeln. Gesang schmatzend, reißend und flötend.

Weibchen

Schwarzkehlchen

MÄRZ–OKT

Saxicola rubicola

Merkmale 12–13 cm. Männchen unverkennbar mit schwarzem Kopf, schwarzer Kehle und rostbrauner Brust. Im Unterschied zum Braunkehlchen (s. o.) ohne weiße Felder auf Flügeln und Schwanz. Weibchen schlicht marmoriert, kann mit Braunkehlchen (s. o.) verwechselt werden.
Lebensweise Schwarzkehlchen brauchen „unaufgeräumte" Landschaften wie Heiden, Moore und schonend genutzte Wiesen. Hier finden sie gute Verstecke zum Brüten und viele Insekten und Spinnen, um ihre Jungen großzuziehen.
Wissenswertes Wo das Schwarzkehlchen brütet, ist die Wiese noch in Ordnung.

Tipp für unterwegs

Sitzt aufrecht auf freistehenden Warten und warnt hart „tak-tak!". Zuckt dabei häufig mit Flügeln und Schwanz.

Tipp für unterwegs

In kargen, offenen Lebensräumen sowohl im Flachland als auch in den Bergen. Sitzt auf erhöhten Steinen und knickst.

schwarzes „T" auf Schwanz

Steinschmätzer

APR–OKT

Oenanthe oenanthe

Merkmale 14–16 cm. Etwa spatzengroßer, hochbeiniger Vogel, der häufig aufrecht sitzt und dabei recht lang und schlank wirkt.
Lebensweise Bodenbrüter, der sein Nest in kleinen Höhlungen unter Steinblöcken versteckt. Rennt oft kurze Strecken, um Insekten zu erbeuten und fliegt dicht über dem Boden.
Wissenswertes Während die Bestände in den Hochlagen der Alpen über Jahrzehnte hinweg stabil sind und höchstens kurzfristig durch Kältewinter einbrechen, beobachtet man im Kulturland der Niederungen langfristige, auffällige Abnahmen der Steinschmätzer.

Tipp für unterwegs

Vom Haussperling durch braune Kopfkappe und weiße Wangen mit schwarzem Fleck zu unterscheiden.

Feldsperling, Feldspatz

JAN–DEZ

Passer montanus

Merkmale 13–14 cm. Kräftiger Kleinvogel mit schlicht rindenfarbigem Gefieder, Geschlechter gleich gefärbt (vgl. Haussperling, s. u.).
Lebensweise Bewohnt offene Kulturlandschaften mit Hecken und Feldgehölzen; auch in Siedlungsnähe. Brütet in Höhlen, gern auch in Nistkästen, die er sich schon früh im Jahr sichert.
Wissenswertes Feldsperlinge sind weniger häufig als Haussperlinge und haben sich auch dem Menschen nicht so eng angeschlossen. In Mitteleuropa regional starker Rückgang durch intensive Landwirtschaft, wobei Flächenstilllegungs-Programme erste Erfolge zeigen.

Tipp für unterwegs

Oft in Schwärmen, auch die Nester stehen dicht zusammen in kleinen Kolonien. Nimmt gern Staubbäder in kleinen Sandkuhlen.

Weibchen

Haussperling, Hausspatz

JAN–DEZ

Passer domesticus

Merkmale 14–16 cm. Schlicht graubraun; Männchen mit grauer Kopfplatte, schwarzem Augenstreif und breitem, schwarzem Kehllatz kontrastreicher als das Weibchen.
Lebensweise Kulturfolger an Einzelgehöften, in Dörfern und Städten. Hauptsächlich da, wo Kleintiere oder Pferde gehalten werden; häufig in Zoos und Tierparks.
Wissenswertes Ernährt sich wie alle Sperlinge hauptsächlich von Getreide und wild wachsenden Sämereien, zur Jungenaufzucht sind sie aber alle auf eiweißreiche Tiernahrung in Form von Raupen, Heuschrecken oder Spinnen angewiesen.

Tipp für unterwegs

Startet vom Boden zu bogenförmigen Singflügen; dabei wiederholt er sein „tschirluih" in Abständen von 2–3 Sekunden und stürzt wieder steil zu Boden.

Brachpieper
Anthus campestris
APR–SEPT

Merkmale 16–18 cm. Gestalt ähnlich wie eine Stelze: Schlank und relativ hochbeinig mit langem Schwanz. Kennzeichnend ist das helle, sandfarbene Gefieder ohne Strichelung (außer bei den Jungvögeln).
Lebensweise Bodenbrüter in kargen, ungestörten Landschaften wie Heiden, Dünen und Brachflächen.
Wissenswertes Der Brachpieper ist bei uns überall selten geworden. Erschließung oder Überdüngung haben viele seiner Brutplätze zerstört, und durch Biozideinsatz findet er nicht mehr genug Insekten.

Tipp für unterwegs

Startet von hoher Sitzwarte aus zu seinen Singflügen. Auffällig sind dabei die ausgebreiteten Flügel und der gespreizte Schwanzfächer.

Baumpieper
Anthus trivialis
APR–OKT

Merkmale 14–16 cm. Schlanker, rindenfarbig gestrichelter Kleinvogel. Zwillingsart zum Wiesenpieper (s. u.), von diesem hauptsächlich durch Verhalten und Gesang zu unterscheiden.
Lebensweise Bewohnt offene Landschaften mit einzeln stehenden Bäumen und Sträuchern als Singwarten. Baumlose Wiesen meidet er ebenso wie geschlossene Wälder. Der feine Schnabel verrät den Insektenfresser. Sein Nest baut er gut versteckt am Boden unter Grasbüscheln oder kleinen Sträuchern.
Wissenswertes Bei uns findet der Insektenfresser im Winter keine Nahrung. So verbringt er den Winter im Savannengürtel Afrikas.

Tipp für unterwegs

Startet im Gegensatz zum Baumpieper meist vom Boden aus zu seinen Singflügen. Gesang dünner, feiner und monotoner als beim Baumpieper.

Wiesenpieper
Anthus pratensis
MÄRZ–NOV

Merkmale 14–16 cm. Schlicht bräunlicher Kleinvogel mit kräftigen Streifen und feinem Schnabel.
Lebensweise Bodenvogel in Heiden, Dünen, Mooren und auf Feuchtwiesen, wo man ihn nur schwer ausmachen kann; auffällig sind aber die Singflüge. Bodenbrüter, der gelegentlich auf Sträuchern oder Zaunpfählen sitzt; im Gegensatz zum Baumpieper aber nicht in Baumkronen höherer Bäume.
Wissenswertes Zieht im Gegensatz zum Baumpieper im Winter nur bis zum Mittelmeerraum. Es gibt aber auch Überwinterungsversuche von Wiesenpiepern bei uns in Mitteleuropa.

Tipp für unterwegs

Wie eine Bachstelze in Gelb. Oft in der Nähe von Weidevieh, wo sie die aufgescheuchten Insekten erbeutet.

Weibchen

Wiesenschafstelze

APR–OKT

Motacilla flava

Merkmale 15–16 cm. Gelbe Unterseite, langer Schwanz und olivgrüner Rücken. Die mitteleuropäische Unterart *Motacilla flava „flava"* hat einen grauen Oberkopf mit hellem Überaugenstreif.
Lebensweise Brutvogel auf feuchten Wiesen, Brachflächen und zunehmend auch auf Äckern.
Wissenswertes In Europa gibt es mindestens sieben verschiedene Unterarten der Wiesenschafstelze. Sie unterscheiden sich hauptsächlich in der Färbung des Kopfes. So fehlt manchen der helle Überaugenstreif und die Unterart *Motacilla flava „feldegg"* („Maskenstelze") hat schließlich einen komplett schwarzen Oberkopf.

Tipp für unterwegs

Wird trotz gelber Färbung oft übersehen. Fällt durch den Gesang auf, der klingt wie das Quietschen eines ungeölten Rades.

Girlitz

APR–NOV

Serinus serinus

Merkmale 11–12 cm. Kleiner Fink mit kurzem Kegelschnabel, kräftiger Streifung und leuchtend gelbem Bürzel.
Lebensweise Bewohnt offenes Gelände mit einzelnen Laubbäumen, gern in Parks, Obstgärten und Weinbergen. Baut sein Nest gut versteckt in Baumkronen.
Wissenswertes Ursprünglich mediterran verbreitete Art, die sich mit zunehmender Klimaerwärmung Richtung Norden und Osten ausgebreitet hat. Doch seit den 1970er-Jahren sind die Bestände aufgrund von Lebensraumverlusten vielerorts wieder stark rückläufig.

Tipp für unterwegs

Ruft häufig seinen Namen: „Stiegelitt!". Sehr gesellig, brütet in lockeren Kolonien. Einzelne Stieglitze überwintern auch bei uns.

Oberseite im Flug

Stieglitz, Distelfink

MÄRZ–NOV

Carduelis carduelis

Merkmale 12–13 cm. Unverwechselbar bunter Fink mit roter Gesichtsmaske.
Lebensweise In halboffenen Landschaften mit abwechslungsreichen Strukturen und reichlich samentragenden Wiesen. Stieglitze ernähren sich fast nur von Samen, insgesamt sind, je nach Jahreszeit Samen von insgesamt 152 verschiedenen Pflanzen nachgewiesen worden.
Wissenswertes Da Stieglitze in der Lage sind, auf Baumsamen von Birke, Erle oder Kiefer auszuweichen, sind sie von Herbizideinsätzen auf Wiesen weniger betroffen als andere Finken.

Tipp für unterwegs

Turnen oft zu mehreren auf Stauden herum und picken dabei Samen heraus. Häufig in Wacholderheiden zu beobachten.

Weibchen eher unscheinbar

Bluthänfling

Carduelis cannabina

JAN–DEZ

Merkmale 13–14 cm. Männchen zur Brutzeit mit grauem Kopf, rotem Stirnfleck und roter Brust. Weibchen schlicht bräunlich gestreift.
Lebensweise Brütet in offenen, trockenen und sonnigen Biotopen mit Sträuchern oder jungen Nadelbäumen. Auch auf Friedhöfen, ökologisch bewirtschafteten Weinbergen, in Parks und Gärten.
Wissenswertes Der Name „Bluthänfling" bezieht sich auf die zur Brutzeit blutrote Stirn und Brust des Männchens und auf die geringe Größe (ein echter „Hänfling"): Bluthänflinge sind deutlich kleiner als Spatzen.

Tipp für unterwegs

Sitzt gern auf exponierten Warten wie Zaunpfählen oder Leitungsdrähten und klirrt beim Singen wie ein geschüttelter Schlüsselbund.

Grauammer

Emberiza calandra

JAN–DEZ

Merkmale 16–19 cm. Unscheinbar wie ein Spatz oder eine Lerche und fällt daher am ehesten durch ihren Gesang auf.
Lebensweise Brutvogel auf extensiv genutzten Wiesen und Äckern mit einzeln stehenden Bäumen, Büschen oder Leitungen als Singwarten. Ernährt sich von Getreide und Wildkräuter-Samen, zur Brutzeit auch von Insekten und Spinnentieren.
Wissenswertes Früher ein echter „Allerweltsvogel" ist die Grauammer nach katastrophalen Bestandseinbrüchen durch intensive Landwirtschaft heute nur noch ausnahmsweise zu beobachten.

Tipp für unterwegs

Unsere häufigste Ammer. Unverwechselbarer Gesang, der aus Hecken ertönt: „Ich-ich-ich-ich-hab-Dich-so-liiiiiieeeeeb!"

Goldammer

Emberiza citrinella

JAN–DEZ

Merkmale 15–17 cm. Männchen mit zitronengelbem Kopf und rotbraunem Bürzel (Bereich oberhalb der Schwanzfedern), Weibchen ähnlich, nur nicht so leuchtend.
Lebensweise Brütet in abwechslungsreichen Heckenlandschaften mit gutem Angebot an Sämereien und Insekten. Im Winter sieht man Goldammern häufig gesellig in Schwärmen auf Wiesen und Feldern.
Wissenswertes Die Goldammer-Bestände konnten sich ab Mitte der 1980er-Jahre regional wieder erholen: Neu geschaffene Brachflächen und weitere Maßnahmen zur Erhöhung der Strukturvielfalt unserer Landschaft zeigten hier schnell Erfolge.

Tipp für unterwegs

Seltener Brutvogel, doch wo er einen Lebensraum findet, brüten oftmals gleich mehrere Paare. Singt von hoher Warte aus.

Weibchen

Ortolan

APR–SEPT

Emberiza hortulana

Merkmale 15–16 cm. Männchen mit mausgrauem Kopf und Brust, Rücken und Bauchgefieder rotbraun. Von Nahem fallen der rosafarbene Schnabel und der helle Augenring auf. Weibchen schlicht bräunlich gestrichelt.
Lebensweise Braucht warme, halboffene Landschaften wie Waldränder, Alleen oder Moore, in denen er reichlich Insekten und Sämereien findet. Baut sein Nest am Boden.
Wissenswertes Im Gegensatz zur nah verwandten Goldammer, die ja auch den Winter bei uns verbringt, ist der Ortolan ein Langstreckenzieher: Er verbringt den Winter in Zentral- und Ostafrika.

Tipp für unterwegs

In Mitteleuropa selten, in Deutschland nur im Südwesten. Zu Neuansiedlungen kam es in jüngerer Zeit unter anderem in Bayern.

Zaunammer

JAN–DEZ

Emberiza cirlus

Merkmale 15–16 cm. Wie eine Goldammer (→ S. 88) mit gestreiftem Gesicht, schwarzer Kehle und olivgrünem (statt rotbraunem) Bürzel. Weibchen schlicht gestrichelt.
Lebensweise In Mitteleuropa Brutvogel an sonnenexponierten Hängen mit lückig bewachsenen Flächen und einzelnen Bäumen oder Sträuchern, gern in extensiv genutzten Weinbergen.
Wissenswertes Die Zaunammer ist eine wärmeliebende Art, deren Hauptverbreitungsgebiet im Mittelmeerraum liegt. Hier „vertritt" sie die Goldammer, die lieber weiter nördlich brütet.

Tipp für unterwegs

Hauptsächlich mediterran verbreitete Art, in Mitteleuropa Ausbreitungstendenz in Ungarn, Österreich, in der Tschechei und in Süddeutschland.

Zippammer

JAN–DEZ

Emberiza cia

Merkmale 15–16 cm. Ähnlich dem Ortolan (s. o.), doch ist der graue Kopf der Zippammer zusätzlich schwarz gestreift und der Bürzel, was im Flug gut zu sehen ist, rostrot. Weibchen etwas schlichter.
Lebensweise In Mitteleuropa bevorzugt die Zippammer trockene und warme Hänge mit Felsen und lückiger Vegetation, aber auch extensive Kulturlandschaften. Zur Revierabgrenzung benötigt sie einzelne Sträucher. Im Winter gesellig in kleinen Trupps.
Wissenswertes Ruft häufig „zipp" (→ Name).

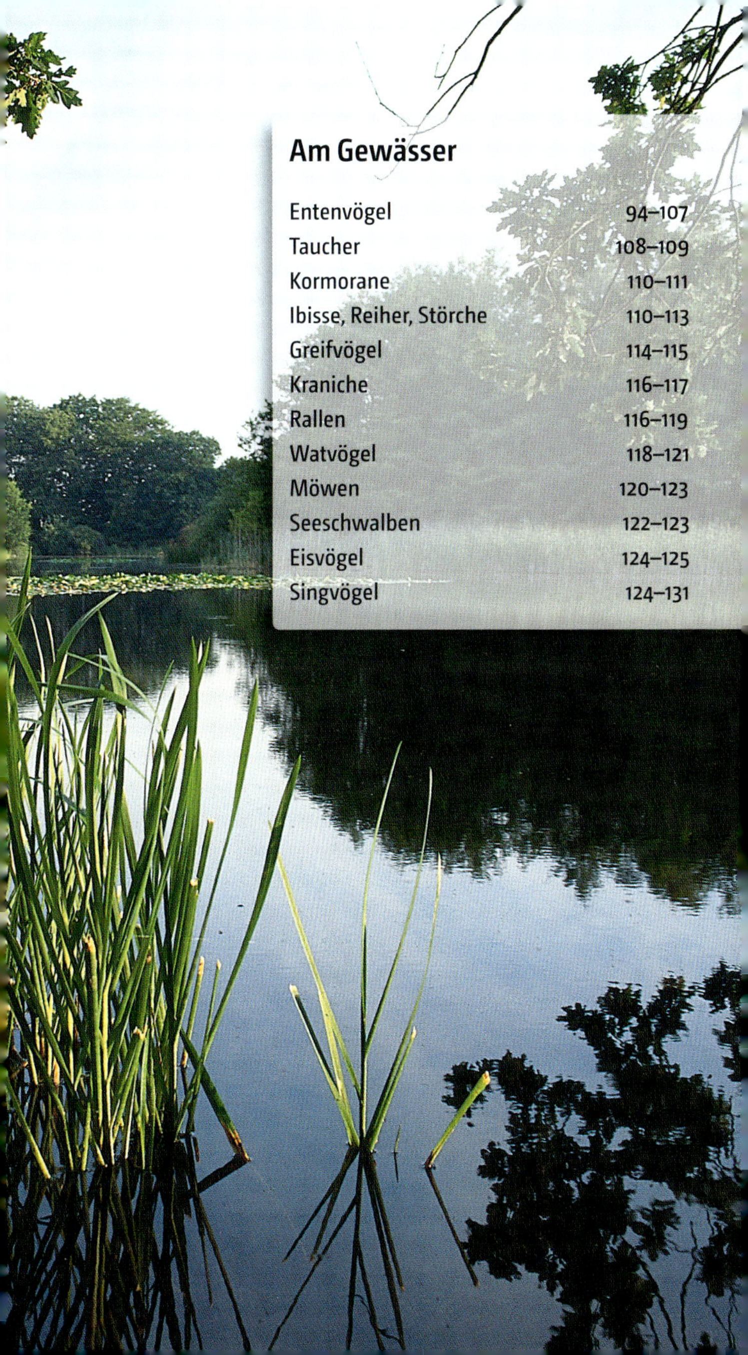

Am Gewässer

Tipp für unterwegs

Aus Amerika eingeschleppte Art, die sich von Großbritannien ausgehend zunehmend in ganz Europa etabliert.

Weibchen

Schwarzkopf-Ruderente

JAN–DEZ

Oxyura jamaicensis

Merkmale 31–36 cm. Männchen im Prachtkleid mit auffallend rotbraunem Körper, schwarzer Kopfkappe, leuchtend weißen Wangen und eigenartig hellblauem Schnabel. Weibchen schlicht braun mit dunkelbrauner Kopfkappe, auffällig sind die weißen Wangen mit braunem Querstreifen. Im Schlichtkleid (Spätsommer bis Winter) sehen die Männchen den Weibchen sehr ähnlich.
Lebensweise Zur Brutzeit an Seen, Teichen und in Sümpfen, im Winter in küstennahen Brackwasserseen.
Wissenswertes Gefährdet im Süden Europas die dort heimische Weißkopf-Ruderente durch Bastardisierung.

Tipp für unterwegs

Höckerschwäne werden vielerorts über den Winter gefüttert und zeigen Menschen gegenüber wenig Scheu.

Flugbild

Höckerschwan

JAN–DEZ

Cygnus olor

Merkmale 140–160 cm. Der rötliche Schnabel mit schwarzem Höcker (Name!) machen ihn unverwechselbar. Typisch sind seine „singenden“ Fluggeräusche. Im Winter Verwechslungsgefahr mit überwinternden Sing- und Zwergschwänen (s. u.), die aber gelbschnäblig sind.
Lebensweise Unser häufigster Schwan. Brütet an Seen, Teichen, Salzwasserlagunen und auf kleinen Inseln der Ostsee. Weidet Wasserpflanzen bis in ca. 1 m Tiefe ab, frisst aber auch Gras und Getreide.
Wissenswertes Der Höckerschwan gehört mit seinem Gewicht bis zu 15 kg zu den schwersten flugfähigen Vögeln.

Tipp für unterwegs

Wintergast aus Skandinavien bis Sibirien. In großen Verbänden, rufen trompetend. Diese Schwäne sind immer scheu.

Singschwan

OKT–APR

Cygnus cygnus

Merkmale 140–160 cm. Wie ein Höckerschwan, aber mit schwarz-gelbem Schnabel ohne Höcker.
Lebensweise Brutvogel an Sümpfen und Seen der nordischen Tundra. In Mitteleuropa nur im Winter bis ins Frühjahr hinein, hier bieten auf gewässernahen Wiesen und Äckern weidende Singschwäne ein schönes Bild.
Wissenswertes Der zum Verwechseln ähnliche Zwergschwan sieht aus wie die kleine Ausgabe des Singschwans, auch er ist bei uns nur Wintergast und mischt sich unter Singschwan-Trupps.

Tipp für unterwegs

Als Ziervogel aus Amerika eingeführte Art, die nach und nach verwildert ist und mittlerweile auch in Mitteleuropa erfolgreich brütet.

Kanadagans

Branta canadensis

JAN–DEZ

Merkmale 90–100 cm. Größer als eine Graugans, mit langem, schwarzem Hals und weißen Wangen. Die an der Küste im Winter zu beobachtende Nonnengans (→ S. 134) hat zusätzlich eine schwarze Brust.
Lebensweise In Mitteleuropa kommt die Kanadagans in halboffenen Landschaften in Gewässernähe vor; oft auch in Parks oder im Umfeld von Großstädten. Sie ernährt sich von Gräsern, Wasserpflanzen und von Feldfrüchten.
Wissenswertes Ruft im Flug gerne und laut trompetend „a-hong", wobei die zweite Silbe höher ist.

Tipp für unterwegs

Wintergast aus Skandinavien, Russland und Sibirien. Braucht ungestörte Wiesen und Felder zur Nahrungssuche.

Flugbild

Saatgans

Anser fabalis

OKT–MÄRZ

Merkmale 70–88 cm. In Größe und Aussehen ähnlich der Graugans (→ S. 98), aber dunkler gefärbt und mit braunem statt grauem Kopf und Hals.
Lebensweise Brutvogel der Tundra und Taiga, wo sie im Winter unter der Schneedecke keine Gräser mehr findet und deshalb nach Mitteleuropa abwandert.
Wissenswertes Tagsüber sieht man sie in kleinen Familienverbänden weidend, allabendlich sammeln sich diese Saatgänse und fliegen in großen Scharen zu ihren bis zu 25 km entfernten Schlafplätzen auf dem flachen Wasser.

Tipp für unterwegs

Mit typischer „Blesse" oberhalb des Schnabels. Brutvogel der Arktis, im Winter in Mitteleuropa hauptsächlich an den Küsten der Nordsee.

Blässgans

Anser albifrons

OKT–APR

Merkmale 64–78 cm. Kleiner und dunkler als eine Graugans (→ S. 98), von Weitem eher mit der ebenfalls recht dunklen Saatgans (s. o.) zu verwechseln, doch unterscheidet sie sich bei genauerem Hinsehen durch ihre typische, weiße Blesse.
Lebensweise Brutvogel Grönlands und Sibiriens, wo sie in im kurzen Tundra-Sommer brütet. Braucht im Winter störungsfreie Wiesen im europäischen Flachland, die aber immer seltener werden.
Wissenswertes Seit den 1980er-Jahren brüten auch erste Blässgänse in den Niederlanden und konnten sich sowohl hier als auch in Belgien erfolgreich etablieren.

Graugans
JAN–DEZ

Anser anser

Merkmale 74–84 cm. Große und helle graue Gans mit orangefarbenem Schnabel. Fliegt oft in V-Formationen, wobei die zweifarbigen Unterflügel auffallen.
Lebensweise Brutvogel Mitteleuropas an schilfbewachsenen Teichen und Seen mit angrenzenden Wiesen. Baut ihr Nest an schwer zugänglichen Stellen im Röhricht. Die Graugans ernährt sich wie alle Gänse vegetarisch von Land- und Wasserpflanzen.
Wissenswertes Die Graugans hat von allen grauen Gänsen die weiteste Verbreitung und kommt am weitesten südlich vor. Von ihr stammt unsere weiße Hausgans ab.

Tipp für unterwegs

Berühmt durch den Verhaltensforscher Konrad Lorenz und durch die Kinderbuchfigur Nils Holgersson, der mit den Graugänsen durch Schweden flog.

Nilgans
JAN–DEZ

Alopochen aegyptiaca

Merkmale 68–70 cm. Braungraue Halbgans mit kurzem Hals und dunkelbraunem Augenring.
Lebensweise Ursprünglich Brutvogel subtropischer Süßwasserseen bevorzugt sie auch bei uns eher warme Gewässer wie Park- oder Baggerseen. Nimmt verschiedenste Nistgelegenheiten wahr, brütet sowohl auf Bäumen als auch am Boden oder in Erdlöchern.
Wissenswertes Die meisten Nilgänse brüten in Großbritannien und in den Niederlanden und auch in Westdeutschland. Mittlerweile sind es mehr als 10 000 Brutpaare, die von Parkvögeln abstammen.

Tipp für unterwegs

Aus Afrika eingebürgerte Art (Name), die sich gegenwärtig rasch in Mitteleuropa ausbreitet, hier erfolgreich brütet und sogar überwintert.

Mandarinente
JAN–DEZ

Aix galericulata

Merkmale 41–49 cm. Kleine, bunte Ente. Nur haushuhngroß, kontrastreich orange, weiß, grün und blau, Weibchen schlicht.
Lebensweise Ihre zierliche Gestalt verrät die Waldente: Problemlos durchfliegt sie Baumkronen und landet noch auf winzigen Waldteichen und -bächen. Höhlenbrüter, Bestand lässt sich durch angebotene Nistkästen erhöhen.
Wissenswertes Während die Mandarinente in Europa Fuß fasst, erging es den ursprünglichen Beständen in China und Japan durch Bejagung und intensiven Handel zeitweise schlecht; so stand die Art bereits auf der Liste der global bedrohten Vogelarten.

Tipp für unterwegs

Aus Japan und China bei uns in Zoos und Parks eingeführt und von hier aus verwildert.

unscheinbarer gefärbtes Weibchen

Tipp für unterwegs

Typische Gründelente: Sucht Nahrung nach der „Köpfchen-unters-Wasser-Schwänzchen-in-die Höh"-Methode.

weißes Flügelfeld im Flug

Schnatterente JAN–DEZ

Anas strepera

Merkmale 46–56 cm. Knapp stockentengroß; schlicht grau und bräunlich mit weißem Flügelfleck, der besonders beim Auffliegen sichtbar wird. Das Männchen fällt dadurch auf, dass es kaum gestrichelt ist und auch durch seinen schwarzen Bürzel.
Lebensweise Nirgends häufige Ente; braucht flache, nährstoffreiche Gewässer, in denen sie gründeln kann. Baut ihr Bodennest in Gewässernähe.
Wissenswertes Die meisten mitteleuropäischen Schnatterenten ziehen im Herbst Richtung Südwesten und überwintern in den Niederlanden und in Frankreich. Doch vermehrt gibt es auch Überwinterer bei uns.

Tipp für unterwegs

Ruft gern ihren Namen: „Krick". Im Flug fällt das grüne Flügelfeld („Spiegel") auf.

Krickente JAN–DEZ

Anas crecca

Merkmale 34–38 cm. Kleine Ente mit rostbraunem Kopf und dem typischen, grünen Augenstreif. Besonders im Flug am ehesten mit der ebenfalls zierlichen Knäkente (s. u.) zu verwechseln. Weibchen schlicht, auch das Männchen trägt zwischen Juli und September sein unscheinbares Schlichtkleid.
Lebensweise Brütet an seichten Gewässern mit reichlich bewachsenen Ufern.
Wissenswertes Krickenten gehen häufig an Bleivergiftungen zugrunde: Beim Gründeln im seichten Wasser nehmen sie neben Kleingetier und Wasserpflanzen häufig auch Bleischrot mit auf.

Tipp für unterwegs

Der Langstreckenzieher unter den europäischen Enten; überwintert im afrikanischen Niger- und Senegaldelta. Typisch: der weiße Augenstreif.

bräunliches Weibchen

Knäkente MÄRZ–SEPT

Anas quercedula

Merkmale 37–40 cm. Zählt wie die Krickente zu den kleinsten Enten Europas.
Lebensweise Seltene Ente; brütet an kleinen, flachen und nährstoffreichen Gewässern, wo sie Wasserpflanzen und Samen, aber auch kleine Tiere (Krebschen, Würmer, Schnecken) aus dem Wasser seiht. Auf dem Zug auf großen Flachseen und Überschwemmungsflächen.
Wissenswertes Knäkenten werden besonders häufig auf dem Zug von und in ihre afrikanischen Winterquartiere geschossen; in ihren Brutgebieten leiden sie unter der immer noch fortschreitenden Trockenlegung flacher Gewässer.

Tipp für unterwegs

Unsere häufigste Ente, oft handzahm an Stadtparkseen, wo regelmäßig gefüttert wird. Ruft laut „waak-wak-wak-wak-wak“.

bläuliches Flügelfeld

Stockente
JAN–DEZ

Anas platyrhynchos

Merkmale 50–60 cm. Männchen (li.) mit flaschengrünem Kopf, brauner Brust und grauem Körper. Das Weibchen (re.) ist, wie bei den meisten Enten üblich, deutlich schlichter gefärbt, so ist es auf dem Nest gut getarnt.
Lebensweise Brutvogel auf Seen, Flüssen, Teichen und an ruhigen Meeresbuchten. „Gründelt“ nach der „Köpfchen-unter-Wasser“-Methode nach Wasserpflanzen, Schnecken und Krebschen.
Wissenswertes Von der Stockente stammen unsere Hausenten ab und es kommt nicht selten vor, dass sich wilde Stockenten mit Hausenten verpaaren. Ihre Nachkommen haben unterschiedlich viele weiße Gefiederpartien.

Tipp für unterwegs

Mit einem Schnabel wie ein Löffel (Name). Damit „durchschnattert“ sie das Wasser nach Fressbarem, das an Hornlamellen am Schnabel hängen bleibt.

Löffelente
MÄRZ–NOV

Anas clypeata

Merkmale 44–52 cm. Unverwechselbar mit dunkelgrünem Kopf, weißer Brust, zimtfarbenen Flanken und dem breiten Schnabel. Weibchen schlicht, ähnlich Stockente.
Lebensweise In Mitteleuropa nirgends häufige Ente, außer regional in schonend genutzten Teichen. Leidet unter Störungen am Brutgewässer, zu hohem Fischbesatz (Karpfen) und Trockenlegung von Feuchtbiotopen.
Wissenswertes Die meisten mitteleuropäischen Löffelenten überwintern im Mittelmeerraum und in Nordafrika; hier lassen sich im Winter bis zu Zehntausende Löffelenten in den Feuchtgebieten beobachten.

Tipp für unterwegs

Selten und bedroht: Ernährt sich hauptsächlich von Armleuchteralgen, die durch die starke Nährstoff-Anreicherung verschwinden.

Kolbenente
FEB–OKT

Netta rufina

Merkmale 53–57 cm. Männchen (li.) typisch mit fuchsrotem Kopf und lackrotem Schnabel, Weibchen (re.) schlicht.
Lebensweise In Mitteleuropa an warmen, flachen Gewässern des Binnenlandes mit reichlich Ufervegetation und Überschwemmungsflächen.
Wissenswertes Die meisten unserer Kolbenenten sind Zugvögel, die im Mittelmeerraum überwintern, doch beobachtet man zunehmend auch winterliche Trupps an den Voralpenseen.

Tipp für unterwegs

Die Tafelente profitiert von der zu hohen Nährstoffbelastung unserer Gewässer und von den zunehmend milden Wintern.

Tafelente

JAN–DEZ

Aythya ferina

Merkmale 42–49 cm. Kleiner als eine Stockente. Männchen (li.) mit zimtfarbenem, typisch birnenförmigem Kopf, schwarzer Brust und mausgrauem Körper. Tafelenten-Weibchen (re.) schlicht.
Lebensweise Brutvogel an Seen sowie an künstlich geschaffenen Fischteichen und Stauseen. Braucht zum Brüten schilf- oder binsenbewachsene Uferzonen. Tauchente, die im Gegensatz zu den Gründelenten (s. Stockente → S. 102) zur Nahrungssuche ganz abtaucht.
Wissenswertes Viele mitteleuropäische Tafelenten ziehen im Winter nach West- und Südeuropa bis nach Nordafrika, doch überwintern auch immer Trupps auf unseren Seen.

Tipp für unterwegs

Tauchspezialistin. Kann im Winter täglich 3000–3700 mittelgroße Muscheln vom Gewässergrund erbeuten.

Weibchen

Reiherente

JAN–DEZ

Aythya fuligula

Merkmale 40–47 cm. Zierliche, schwarze Ente mit weißen Flanken, typischer Federtolle auf dem Kopf und goldgelben Augen. Weibchen schlichter.
Lebensweise Besiedelt tiefere Gewässer als andere Enten, weil sie sehr gut tauchen kann. Anpassungsfähige Art, die sich auch auf Stadtparkteichen und in der Nähe anderer Futterplätze aufhält.
Wissenswertes Seit die Dreikantmuschel (*Dreissena polymorpha*) aus dem Schwarzmeerraum donauaufwärts in unsere Gewässer eingeschleppt wurde und sich seither explosionsartig vermehrt, nehmen die Winterbestände der Reiherente kontinuierlich zu.

Tipp für unterwegs

Mit goldenen Augen, daher der englische Name „Golden eye". Das „Schellen" bezieht sich auf das wie ein Klingeln tönende Fluggeräusch.

Schellente

JAN–DEZ

Bucephala clangula

Merkmale 40–48 cm. Unverkennbar ist der weiße Fleck an der Schnabelbasis des Männchens (li.) und der nach oben lang gezogene Kopf.
Lebensweise Brutvogel an Seen und langsam fließenden Flüssen in Waldnähe.
Wissenswertes Schellenten brüten in Baumhöhlen, die sie mit Daunenfedern weich auspolstern. Frisch geschlüpft „fliegen" die Küken mit ausgebreiteten Flügelstummeln und gespreizten Schwimmhäuten zu Boden und werden von der Mutter ans Wasser geführt.

Zwergsäger

OKT–APR

Mergellus albellus

Merkmale 38–44 cm. Nur taubengroß; Männchen mit schneeweißem Gefieder mit schwarzem Muster, das aussieht wie mit dem Pinsel gemalt. Weibchen schlicht.
Lebensweise Brutvogel an nahrungsreichen Gewässern in Waldnähe, von Skandinavien über Sibirien bis an den Nordatlantik verbreitet.
Wissenswertes Alle „Säger" haben kleine Sägezähnchen aus Horn an den Schnabelkanten. Damit können sie glitschige Fische packen und gut festhalten.

Tipp für unterwegs

Wintergast auf eisfreien Seen, Flüssen und in stillen Meeresbuchten. Das weiße Gefieder fällt auch aus großer Entfernung auf.

Weibchen

Mittelsäger

JAN–DEZ

Mergus serrator

Merkmale 52–58 cm. Stockentengroß mit dünnem, rotem „Sägerschnabel" (→ Zwergsäger, s. o.). Männchen mit grünem Kopf, weißem Halsring und rotbrauner Brust (→ Gänsesäger, s. u.), Weibchen schlichter gefärbt.
Lebensweise In Mitteleuropa brüten Mittelsäger bevorzugt in Küstennähe. Anders als Zwerg- und Gänsesäger brauchen sie zum Brüten nicht unbedingt Baumhöhlen, sie bauen ihr Nest auch in der Ufervegetation oder zwischen Felsen.
Wissenswertes Häufig sieht man Mittel- und Gänsesäger beim „Wasserlugen": Sie tauchen nur ihr Gesicht unter Wasser, um Fische zu erspähen. Offensichtlich können sie auch unter Wasser gut ohne Taucherbrille sehen.

Tipp für unterwegs

Im Gegensatz zum Gänsesäger (s. u.) bei uns hauptsächlich im Küstenbereich der Ostsee anzutreffen.

Gänsesäger

JAN–DEZ

Mergus merganser

Merkmale 58–68 cm. Größer und massiger als eine Stockente, Männchen (li.) mit weithin leuchtendem, schneeweißem Körper (→ Mittelsäger, s. o.). Weibchen (re.) schlichter.
Lebensweise Nirgends häufiger Brutvogel an Flüssen und Seen mit altem Baumbestand. Zum Brüten braucht er Baumhöhlen und nimmt sogar (entsprechend große) Nistkästen an.
Wissenswertes Der Gänsesäger leidet unter der Verbauung unserer Flüsse und dem Abholzen ursprünglicher, flussnaher Auwälder. Aus vielen Brutgebieten wurde er auch durch intensiven Kanusport (z. B. aus der Wutachschlucht) vertrieben.

Tipp für unterwegs

Zu allen Jahreszeiten auf Seen im Binnenland. In kalten Wintern in eisfreien Meeresbuchten und sogar auf Stadtparkteichen.

Pärchen im Flug

Haubentaucher
JAN–DEZ

Podiceps cristatus

Merkmale 59–72 cm. Größer als eine Stockente mit aufstellbarer Federhaube (Name!) und feinem, spitzem Schnabel. Beide Geschlechter gleich gefärbt.
Lebensweise Wenig wählerisch in Bezug auf ihre Brutgewässer. Neben verschilften Seen und Teichen selbst an Stauseen, die kaum Deckung bieten; dabei ist ihr Schwimmnest aus Halmen oft nicht sehr gut versteckt. Fischjäger, der gut taucht.
Wissenswertes Haubentaucher tragen ihre Jungen, die selber zwar gut schwimmen können, oft auf dem Rücken herum: Dann sieht man die Kleinen aus dem Rückengefieder hervorlugen.

Tipp für unterwegs

Im zeitigen Frühjahr bieten ihre synchron aufgeführten Balztänze auf dem offenen Wasser ein beeindruckendes Schauspiel.

im Schlichtkleid

Rothalstaucher
JAN–DEZ

Podiceps grisegena

Merkmale 40–46 cm. Zur Brutzeit auffällig mit rotbraunem Hals, weißen Wangen und spitzem, gelbem Schnabel. Im Schlichtkleid hauptsächlich durch die Größe vom Haubentaucher (s. o.) unterschieden.
Lebensweise Brutvogel auf kleineren, verschilften Fischteichen und anderen Flachgewässern. Taucht nach kleinen Fischen, Wasserinsekten-Larven, Muscheln und Krebschen.
Wissenswertes Der Rothalstaucher verfügt über ein für so einen aparten Vogel ungewöhnliches Lautrepertoire, das vom durchdringenden Wiehern „uöööhhh" bis zum schweineartigen Quieken reicht.

Tipp für unterwegs

Ähnlich dem häufigen Haubentaucher (s. o.), aber kleiner und mit rotbraunem Hals (Name). Seltener Brutvogel in Mitteleuropa.

unauffälliges Schlichtkleid

Zwergtaucher
JAN–DEZ

Tachybaptus ruficollis

Merkmale 23–29 cm. Kleinster Taucher, kleiner als eine Haustaube. Wirkt trotz rotbrauner Halsseiten (Sommer, li.) insgesamt dunkel; typisch ist sein gelber Fleck am Schnabelgrund. Rechts im Winterkleid.
Lebensweise Verbreiteter Brutvogel an flachen und kleinen verlandeten Teichen mit schlammigem Untergrund, aber klarem Wasser.
Wissenswertes Im Gegensatz zum verwandten Haubentaucher, der sich gern auf dem offenen Wasser zeigt, lebt der Zwergtaucher eher heimlich und versteckt und ist deshalb öfter zu hören als zu sehen.

Tipp für unterwegs

Wird wegen seiner zierlichen Gestalt und dem kurzen Schnabel nicht selten für ein Entenküken gehalten. Typisch: trillernde Rufreihen.

Kormoran

JAN–DEZ

Phalacrocorax carbo

Merkmale 77–94 cm. Knapp gänsegroß mit schwarzem Gefieder und langem Hals.
Lebensweise Brütet in Kolonien; an küstennahen Seen und Teichen auf Bäumen, an der Meeresküste auf Felsklippen. Erbeutet hauptsächlich Fische von 10–20 cm Länge.
Wissenswertes An Fischzuchtteichen werden Kormorane lokal zum Problem. Nicht haltbar ist jedoch, diesem Vogel die Schuld an unseren leergefischten Flüssen zu geben: Dieses Problem haben wir Menschen durch die Verbauung unserer Fließgewässer und deren Überfischung selber zu verantworten.

Tipp für unterwegs

Muss seine Flügel zum Trocknen ausbreiten. Wirkt durch langen Schwanz im Flug wie ein schwarzes Kreuz.

beim Gefiedertrocknen

Löffler

MÄRZ–NOV

Platalea leucorodia

Merkmale 80–93 cm. Storchenartig mit eigenartig breitem „Löffelschnabel".
Lebensweise Brütet an schilfreichen Flachseen und an der Meeresküste. Durchseiht zur Nahrungssuche flaches Wasser mit seinem breiten Schnabel und fängt so Krebschen, Schnecken, Egel, Insektenlarven und kleine Fischchen.
Wissenswertes Damit der schöne Löffler weiter in Mitteleuropa Fuß fassen kann, müssen seine Brutkolonien gesichert und geschützt werden, dabei darf aber der Schutz seiner Zug- und Überwinterungsgebiete durch internationale Abkommen nicht vergessen werden.

Tipp für unterwegs

Breitet sich nach dramatischen Bestandseinbrüchen wieder in Mitteleuropa aus und brütet seit den 1990er-Jahren auch in Deutschland.

Rohrdommel

JAN–DEZ

Botaurus stellaris

Merkmale 69–80 cm. Fast so groß wie ein Graureiher mit schilffarbig gestreiftem Gefieder.
Lebensweise Brütet im Schilf auf einer Plattform aus Halmen. Schreitet bei einbrechender Dämmerung langsamen Schrittes durchs Schilf und stößt blitzschnell nach Fischen, Fröschen, Wasserinsekten, Würmern und anderen Kleintieren.
Wissenswertes Glaubt sie sich entdeckt, verharrt sie reglos in „Pfahlstellung" mit nach oben gestrecktem Hals und Schnabel. So verschwimmen ihre Konturen hervorragend zwischen Schilf und Binsen.

Tipp für unterwegs

So perfekt getarnter Schilfvogel, dass man ihn praktisch nie sehen, aber hören kann, denn er tutet wie ein Nebelhorn „u-hump".

wirkt etwas plump

Graureiher
JAN–DEZ

Ardea cinerea

Merkmale 85–100 cm. Etwas kleiner als ein Storch; seine langen Beine sind aber selten zu sehen, weil er meist im Wasser oder in dichter Ufervegetation steht.
Lebensweise Brütet auf Bäumen am Waldrand, doch sieht man ihn fast immer in Gewässernähe, wo er seine Nahrung sucht. Ab Spätsommer auch zum Mäusefang auf Feldern und Wiesen.
Wissenswertes Trotz seiner Größe kann man ihn leicht übersehen, weil er oft absolut reglos am Uferrand steht und nach Fischen späht. Nähert man sich, fliegt er unvermittelt auf, ruft krächzend „kraich" und ist dann im Flug leicht zu bestimmen.

Tipp für unterwegs

Häufigster und größter Reiher. Fliegt mit eingezogenem Hals und nach unten gebogenen Flügeln, wirkt dadurch wie ein kleines „m".

im Flug
eingezogener Hals

Silberreiher
JAN–DEZ

Casmerodius albus

Merkmale 85–100 cm. Graureihergroß und ganz weiß. Fliegt reihertypisch mit eingezogenem Hals.
Lebensweise Braucht zum Brüten ungestörte Schilfgebiete. Zur Nahrungssuche im flachen Wasser, wo er Fische, Frösche, Molche und andere Wassertiere erbeutet. Im Winter zunehmend zur Mäusejagd auf Wiesen und Feldern.
Wissenswertes Der Silberreiher mag es warm und sonnig und ist deshalb in Europa hauptsächlich am Mittelmeer zu Hause. Doch neuerdings breitet er sich auch in Mitteleuropa aus und überwintert hier sogar zum Teil.

Tipp für unterwegs

Vor wenigen Jahren noch eine Sensation, zählt der Silberreiher heute in Deutschland keinesfalls mehr zu den Seltenheitsbeobachtungen.

Schwarzstorch
MÄRZ–OKT

Ciconia nigra

Merkmale 90–105 cm. Wie die dunkle Ausgabe des bekannten Weißstorchs.
Lebensweise Brutvogel in naturnahen Laub- und Mischwäldern, wo er sein großes Nest hoch oben in einer Baumkrone baut. Braucht in unmittelbarer Umgebung langsam fließende Flüsse mit Altwässern, Überschwemmungsflächen, Sümpfe oder Waldteiche zur Nahrungssuche.
Wissenswertes Langstreckenzieher, dessen Überwinterungsgebiete im Gegensatz zum Weißstorch aber nördlich des Äquators liegen. Breitet sich nach dramatischem Rückgang langsam wieder in Mitteleuropa aus.

Tipp für unterwegs

Schwarz und scheu, brütet in ungestörten Wäldern.

Flugbild

Fischadler
Pandion haliaetus

MÄRZ–OKT

Tipp für unterwegs

In Mitteleuropa seltener Brutvogel. Nur rund 500 Brutpaare, die fast alle in Polen und im Nordosten der Bundesrepublik brüten.

typisches Flugbild

Merkmale 52–60 cm. Größer als ein Mäusebussard; fällt durch lange, schlanke Flügel und die helle Unterseite auf.
Lebensweise Mitteleuropäische Fischadler brüten an waldreichen Seen und Flüssen mit hohen Bäumen (oder auch Strommasten) zum Nestbau.
Wissenswertes Fischadler sind Zugvögel. Die europäischen Fischadler überwintern hauptsächlich im tropischen Westafrika. Im Frühjahr und im Herbst sind sie somit regelmäßig auf dem Durchzug an fischreichen Gewässern überall in Mitteleuropa zu beobachten.

Rohrweihe
Circus aeroginosus

MÄRZ–OKT

Tipp für unterwegs

Fliegt langsam in niedrigem Suchflug über ausgedehnte Schilfröhrichte. Typisch: die V-förmig gestellten Flügel.

Merkmale 43–55 cm. Mit langen, schlanken Flügeln und langem Schwanz. Männchen (li.) kontrastreich grau und braun abgesetzt, Weibchen (re.) dunkelbraun mit rahmfarbenem Kopf und weißem Vorderflügelrand (vgl. Korn- und Wiesenweihe → S. 52).
Lebensweise Bewohnt überwiegend Schilfgebiete, wo die Rohrweihe ihr Nest am Boden baut. Gelegentlich auch in Wiesen oder Getreidefeldern.
Wissenswertes Verlor viele Brutgebiete durch Entwässerungsmaßnahmen oder übermäßige Freizeitnutzung und weicht zunehmend auf landwirtschaftliche Nutzflächen aus, wo ein Großteil der Bruten jedoch dem Mähdrescher zum Opfer fällt.

Seeadler
Haliaetus albicilla

JAN–DEZ

Tipp für unterwegs

Nach jahrzehntelanger erfolgreicher Naturschutzarbeit wachsen die Seeadler-Bestände endlich wieder.

im Alter mit weißem Schwanz

Merkmale 76–92 cm. Größter Greifvogel Mitteleuropas mit einer Spannweite von 2–2,45 m. Altvögel mit auffallendem weißen Schwanz.
Lebensweise In Mitteleuropa Brutvogel in ungestörten Wäldern mit großen Bäumen. Zur Nahrungssuche an fisch- und vogelreichen Seen und Teichen.
Wissenswertes Direkte Verfolgung durch Menschen, Störungen am Brutplatz und das Umweltgift DDT, das der Adler mit seiner Nahrung aufnimmt, ließen die Seeadler-Bestände in den 1970er-Jahren dramatisch einbrechen. Großflächige Ankäufe und Bewachung von Schutzgebieten z. B. durch den WWF zeigten hier große Erfolge.

Tipp für unterwegs

Ziehen in Keilformation und rufen dabei trompetend. Es kommt immer öfter vor, dass Kranich-Trupps über Winter hier bleiben.

ziehen in keilförmigen Trupps

Kranich

Grus grus

MÄRZ–NOV

Merkmale 95–115 cm. Größer als ein Storch. Im Gegensatz zum ebenfalls grauen Graureiher (→ S. 112) fliegt der Kranich mit lang ausgestrecktem Hals.
Lebensweise In Mitteleuropa brütet der Kranich nur im Nordosten. Hier bewohnt er Moore und Bruchwälder, in denen sein riesiges Bodennest wie eine Burg ringsherum von Wasser umgeben und so weitgehend vor Räubern gesichert ist.
Wissenswertes Seit den 1980er-Jahren kehrt das Sorgenkind des mitteleuropäischen Naturschutzes nach und nach zurück. Mittlerweile hat sich der Bestand Deutschlands von einst nur noch wenigen Hundert auf inzwischen mehrere Tausend Brutpaare vervielfacht.

Tipp für unterwegs

Quiekt und grunzt wie ein Schwein. Zu Gesicht bekommt man sie aber nur, wenn man sehr still am Ufer ausharrt.

Wasserralle

Rallus aquaticus

JAN–DEZ

Merkmale 23–26 cm. Bekommt man sie einmal zu Gesicht, ist sie mit ihrem relativ langen, roten Schnabel, der braun gestreiften Oberseite und der grauen Unterseite nicht zu verwechseln.
Lebensweise Brütet sehr heimlich auf überschwemmten Wiesen oder in der Ufervegetation, wo sie geduckt umherläuft und nach Insektenlarven, Würmern, Schnecken, Krebschen und anderem Kleingetier pickt.
Wissenswertes Damit Räuber aus der Luft wie die Rohrweihe (→ S. 114) ihr Nest nicht finden, bauen Wasserrallen zum Schutz ein baldachinartiges Dach darüber.

Tipp für unterwegs

Singt in der Abenddämmerung ein schlichtes, aber prägnantes „Lied". Es klingt wie ein tropfender Wasserhahn „huitt-huitt-huitt".

Tüpfelsumpfhuhn

Porzana porzana

APR–NOV

Merkmale 20–22 cm. Nur knapp amselgroße Ralle mit hell getüpfeltem Gefieder (Name!) und kurzem, kegelförmigem Schnabel.
Lebensweise In großen Sumpfgebieten, Mooren und ufernahen Feuchtwiesen. Hier schlüpft das Tüpfelsumpfhuhn mäuseartig durch die Vegetation und pickt Kleintiere und Pflanzenteile auf. Sein Nest baut es meist auf Seggenbülte.
Wissenswertes Durch Gewässerregulierungen und Trockenlegung von Nasswiesen hat das Tüpfelsumpfhuhn in Mitteleuropa viele Brutbiotope verloren und ist nur noch lückenhaft verbreitet.

Tipp für unterwegs

Anpassungsfähige Ralle, die in freier Natur viele Lebensräume verloren hat, dafür aber städtische Bereiche, Dorfteiche und Kläranlagen besiedelt.

Teichhuhn

JAN–DEZ

Gallinula chloropus

Merkmale 27–31 cm. Knapp taubengroß mit charakteristischem, rotem Stirnschild und gelber Schnabelspitze.
Lebensweise Bewohnt reichlich bewachsene Ufer von Fließgewässern, Seen und Teichen. Nahrungsspektrum sehr breit von Samen über Blätter und Grasspitzen bis hin zu Insekten, Muscheln, Kaulquappen, Aas und Abfällen.
Wissenswertes Teichhühner brüten oft zweimal im Jahr: Während das Männchen sich um die Küken kümmert, brütet das Weibchen schon wieder die nächsten Eier aus. An der Fütterung der zweiten Brut beteiligen sich auch die älteren Geschwister.

Tipp für unterwegs

Durch weiße Stirnblesse unverkennbar. Nickt ständig mit dem Kopf, ruft „köw". Wird futterzahm.

junges Blässhuhn

Blässhuhn

JAN–DEZ

Fulica atra

Merkmale 36–42 cm. Rundliche, schwarze Ralle mit weißem Schnabel und weißer Stirn.
Lebensweise Blässhühner sind praktisch an jedem Gewässer zu sehen, von Seen und Teichen über Baggerlöcher oder Parkteiche bis hin zu Brackwasserlagunen. Ihre Ernährung ist entsprechend vielseitig und umfasst viele verschiedene Pflanzenteile, Kleintiere, Abwasserpilze und menschliche Abfälle.
Wissenswertes Im Winter sammeln sich Blässhühner zu großen Trupps auf eisfreien Seen und sind dann eine beliebte Jagdbeute für Seeadler.

Tipp für unterwegs

Rennt schnellen Schrittes über kahle Flächen und stoppt unvermittelt. Ruft durchdringend „piiu", mit Betonung auf der ersten Silbe.

Flussregenpfeifer

APR–OKT

Charadrius dubius

Merkmale 16–18 cm. Kleiner Regenpfeifer mit schwarzem Halsring. Von See- und Sandregenpfeifer (→ S. 142) durch Lebensraum und gelben Augenring unterschieden.
Lebensweise Brütet ursprünglich auf kiesigen Flussinseln oder an kahlen Flussufern. Heute in Mitteleuropa infolge der Verbauung unserer Flüsse meist in Kiesgruben, Steinbrüchen oder auf anderen kahlen Flächen. Ernährt sich von Insekten, Spinnen und kleinen Wassertierchen.
Wissenswertes Legt seine perfekt getarnten Eier, die aussehen wie Kieselsteine, einfach in eine Bodenmulde.

Tipp für unterwegs

Läuft an Flussufern entlang (Name) und fliegt flach übers Wasser. Ruft durchdringend „hididiie“.

mit weißen Flügelstreifen

Flussuferläufer

APR–OKT

Actitis hypoleucos

Merkmale 18–20 cm. Typisch sind der kräftige Schnabel und der weiße Keil, der sich vom Bauch an der Körperseite vor dem Flügelansatz nach oben zieht.
Lebensweise Baut sein Bodennest an Flussufern und -inseln, pickt Insekten und andere Kleintiere vom Boden auf, wippt auf Steinen stehend mit seinem Hinterteil.
Wissenswertes Ursprünglich brüteten Flussuferläufer auch überall im Flachland, sind in Mitteleuropa aber durch die Verbauung der Flüsse und Störungen vielerorts ganz verschwunden. So findet man ihn als Brutvogel fast nur noch an Gebirgsflüssen der Alpen. Auf dem Durchzug sieht man ihn aber an vielen Fließgewässern und an der Küste.

Tipp für unterwegs

Brütet in verlassenen Baumnestern von Amseln, Krähen oder Eichhörnchen. Das Weibchen überlässt die Jungenaufzucht allein dem Männchen.

Waldwasserläufer

JAN–DEZ

Tringa ochropus

Merkmale 20–24 cm. Lange Beine und Schnabel, dunkles Gefieder und der im Flug aufleuchtende weiße Schwanz sind typisch.
Lebensweise Zur Brutzeit in baumbewachsenen Mooren und Sümpfen und an waldbestandenen Ufern von Gewässern. Zur Zugzeit an verschiedenen Binnengewässern, auch in Küstennähe.
Wissenswertes Hauptsächlich Brutvogel des hohen Nordens, der in Afrika überwintert und bei uns am ehesten zur Zugzeit im Frühjahr und Herbst zu beobachten ist. Brütet mittlerweile aber auch in Dänemark und im Osten Deutschlands; einige überwintern sogar bei uns.

Tipp für unterwegs

Sucht ihre Nahrung nicht nur am Gewässer, sondern häufig auch auf Feldern, hier sieht man sie als „Pflug-Folger“.

junge Sturmmöwe

Sturmmöwe

JAN–DEZ

Larus canus

Merkmale 40–46 cm. Mit ganzjährig weißem Kopf. Viel kleiner als die ähnlich gefärbte, aber deutlich mächtigere Silbermöwe (→ S. 152).
Lebensweise Brütet seit den 1950er-Jahren in Mitteleuropa nicht mehr ausschließlich an der Küste, sondern auch im Binnenland in Mooren und an Seen. Meist auf Inseln oder Landzungen mit nicht zu hoher Vegetation.
Wissenswertes Sturmmöwen brüten gern in kleinen Kolonien. Gemeinsam können sie ihre Nester und Küken erfolgreicher gegen Räuber verteidigen.

Tipp für unterwegs

Häufigste Möwe im Binnenland, auch in Großstädten. Kopf im Sommer dunkel, im Winter weißlich mit schwarzem Ohrfleck.

im Schlichtkleid

Lachmöwe
JAN–DEZ

Larus ridibundus

Merkmale 35–39 cm. Im Sommer unverkennbar mit schwarzem Kopf, rotem Schnabel und roten Beinen.
Lebensweise Anpassungsfähige Möwe, die sowohl an der Küste als auch in verschiedensten Feuchtgebieten des Binnenlandes brütet. Oft in großen, lärmenden Kolonien in der Nähe von Wiesen und Feldern, wo Lachmöwen nach Nahrung suchen.
Wissenswertes Warum die Lachmöwe so heißt, ist nicht mehr eindeutig zu klären. Die einen meinen, weil sie ursprünglich an Binnengewässern („Lachen") brütet, andere, weil ihre Rufe wie ein Lachen klingen.

Tipp für unterwegs

Baut ihr Nest auf Schwimmblatt-Pflanzen in Stillgewässern und in Sümpfen. Jagt über dem Wasser und pickt rüttelnd Nahrung von der Oberfläche.

Trauerseeschwalbe
APR–OKT

Chlidonias niger

Merkmale 22–26 cm. Kleine, dunkle Seeschwalbe mit seeschwalbentypischen, langen Schwanzspießen.
Lebensweise Brütet nur im Nordosten Mitteleuropas; braucht ungestörte Stillgewässer.
Wissenswertes Seit Mitte des 19. Jahrhunderts nehmen die Bestände der Trauerseeschwalbe in Mitteleuropa besorgniserregend ab. Hier hilft nur ein Umdenken und -lenken unserer zu stark kanalisierten Feuchtgebiete, zum Beispiel durch die Einrichtung wiedervernässter Schutzzonen in den Zentren ihrer ehemaligen Brutgebiete.

Tipp für unterwegs

Typisch: schwarze Kappe bis über die Augen. Häufig im Suchflug mit senk recht nach unten gerichtetem Schnabel.

lange Schwanzspieße

Flussseeschwalbe
JAN–DEZ

Sterna hirundo

Merkmale 34–37 cm. Mit spitzen Flügeln und langen Schwanzspießen. Die ähnliche Küstenseeschwalbe (→ S.154) hält sich in Mitteleuropa nur selten im Binnenland auf.
Lebensweise Koloniebrüter auf Kiesstränden und -inseln von Flüssen und Seen, wo eine flache Mulde als Bodennest dient. Auch auf Salzwiesen an der Meeresküste. Erbeutet kleine Fischchen, die an der Wasseroberfläche schwimmen, Kaulquappen und wasserlebende Insektenlarven.
Wissenswertes Heute gibt es aufgrund der Lebensraumzerstörung in Mitteleuropa Flussseeschwalben-Kolonien fast nur noch auf störungssicheren, künstlichen Brutinseln.

Tipp für unterwegs

Fliegt wie ein blauer Blitz knapp über die Wasseroberfläche und ruft durchdringend „tjii“.

„ein „fliegender Edelstein“

Eisvogel

JAN–DEZ

Alcedo atthis

Merkmale 17–19 cm. Kaum größer als ein Spatz, aber mit extrem kräftigem, langem Schnabel zum Fischefangen. Oberseits stahlblau, Bauch orange.
Lebensweise Braucht naturnahe, recht klare Fließgewässer mit über das Wasser ragenden Ästen, die er als Ansitz zur Fischjagd nutzt. Taucht von hier aus unvermittelt senkrecht ins Wasser.
Wissenswertes Hackt und scharrt sich selbst seine 50–90 cm tiefe Brutröhre in lehmige Steilwände.
Wo Steilhänge fehlen, kann dem Eisvogel durch den Bau künstlicher Lehmwände geholfen werden.

Tipp für unterwegs

In Mitteleuropa seltener und nur lokal zu beobachtender Brutvogel. Baut kunstvolles Beutelnest (Name).

beutelförmiges Nest

Beutelmeise

MÄRZ–NOV

Remiz pendulinus

Merkmale 10–12 cm. Etwa so groß wie unsere bekannte Blaumeise. Typisch sind der schwarze Augenstreif und der rotbraune Rücken, wodurch sie Ähnlichkeit mit dem Neuntöter (→ S. 68) hat.
Lebensweise Immer in Wassernähe. Brütet in flussnahen, lichten Wäldern und an weiden- oder pappelbestandenen Teichen mit ausgeprägter Schilfzone.
Wissenswertes Das Nest der Beutelmeise ist ein kunstvolles Flechtwerk aus den Samen von Pappeln und Weiden, Tierhaaren und Bastfasern von Hopfen, Brennnesseln und anderen Pflanzen.

Tipp für unterwegs

Kleinste Schwalbe Mitteleuropas. Nie an Häusern, sie brütet immer in Kolonien an sandigen Steilufern.

Uferschwalbe

APR–OKT

Riparia riparia

Merkmale 12–13 cm. Etwa spatzengroß, Rücken mattbraun, Bauch weiß mit typischem, braunem Brustband. Für eine Schwalbe hat sie nur kurze Schwanzspieße.
Lebensweise Uferschwalben sind immer gesellig.
So stehen in der Brutkolonie ihre Brutröhren dicht an dicht und auch bei der Nahrungssuche über Gewässern oder Wiesen sieht man sie immer zusammen nach Fluginsekten jagen.
Wissenswertes Bei uns sind Uferschwalben mittlerweile fast ausschließlich darauf angewiesen, in Kiesgruben zu brüten. Durch die Arbeiten dort werden häufig ganze Kolonien zerstört.

Bartmeise
Panurus biarmicus

JAN–DEZ

Tipp für unterwegs

Männchen mit langem, schwarzem Bart (Name). Seltener Schilfbewohner.

Merkmale 14–15 cm. Etwa spatzengroß, aber mit sehr großem Kopf und langem Schwanz. Männchen (li.) hübsch bunt mit rotbraunem Rücken, grauem Kopf und schwarzem Bart, Weibchen (re.) schlichter.
Lebensweise Braucht ausgedehnte Schilfbestände, die auch im Winter nicht gemäht werden, denn die Bartmeise bleibt auch im Winter in Mitteleuropa und ist darauf angewiesen, im Schilf Nahrung und Schutz zu finden.
Wissenswertes Wissenschaftliche Studien zeigten, dass Bartmeisen sich ihren Lebenspartner schon im zarten Alter von wenigen Wochen aussuchen – und mit ihm auch tatsächlich in den meisten Fällen ein Leben lang zusammenbleiben.

Rohrschwirl
Locustella luscinoides

APR–OKT

Tipp für unterwegs

Immer im Schilf. Schwirrt tief und schnell „örrrrrrrr ....“, wobei die einzelnen Töne nicht voneinander zu trennen sind (vgl. Feldschwirl → S. 74)

Merkmale 14–15 cm. Unscheinbar braun und am besten anhand des charakteristischen Gesanges zu bestimmen. Dieser ist höchstens mit dem entfernt ähnlichen Schwirren des Feldschwirls zu verwechseln, der aber nicht im Schilf lebt.
Lebensweise Braucht zum Brüten ausgedehnte, mehrjährige Schilfbestände. Hier bleibt er meist unsichtbar, außer wenn er (hauptsächlich in der Dämmerung) singt: Dann klettert er an Schilfhalmen empor und singt knapp unterhalb des Schilfwipfels.
Wissenswertes Anders als die Rohrsänger (→ S. 128) webt er sein Nest nicht zwischen Schilfhalmen ein, sondern baut es auf umgeknickten Halmen knapp über dem Wasser.

Rohrammer
Emberiza schoeniclus

JAN–DEZ

Tipp für unterwegs

Recht häufiger „Rohrspatz“ mit schwarzem Kopf und weißem Bartstreif. Meist im Schilf, fällt durch hohe „ziieeh“-Rufe auf.

Weibchen der Rohrammer

Merkmale 14–15 cm. Das Männchen (re.) ist mit seinem schwarzen Kopf, dem weißen Nackenband und dem weißen „Bart“ leicht zu bestimmen. Rohrammer-Weibchen sind nicht so kontrastreich.
Lebensweise Bewohnt am liebsten See- und Teichufer mit Schilf und Weidengebüsch. Hier sieht man sie recht oft im oberen Bereich der Schilfstängel sitzen.
Wissenswertes Neuerdings brüten Rohrammern aber auch zunehmend in Getreidefeldern.

Tipp für unterwegs

Knarrt, quietscht und pfeift in ständig wechselnder Geschwindigkeit und Lautstärke. Auch im Singflug zu beobachten.

bräunlich gestreifte Oberseite

Schilfrohrsänger

APR–OKT

Acrocephalus schoenobaenus

Merkmale 12–13 cm. Schilfvogel mit auffälliger Strichelung, hellem Augenstreif und im Flug gut sichtbarem, rostbraunem Bürzel.
Lebensweise Braucht Schilf- und Rohrkolbenbestände mit einzelnen Büschen. Schlüpft durch die Vegetation und pickt Insekten und Spinnen auf.
Wissenswertes Schilfrohrsänger überschlagen sich ganz offensichtlich fast in ihrem Bemühen um einen möglichst ausgefallenen Gesang. Das hat seinen guten Grund: Je komplexer der Gesang, desto größer die Chance, ein Weibchen zu bekommen.

Tipp für unterwegs

Singt sehr rhythmisch und monoton aus dem Schilf „karrekiet-karre-karre-kiet-kiet-kiet"; heißt im Volksmund deshalb auch der „kleine Karrekiet".

Teichrohrsänger

MAI–OKT

Acrocephalus scirpaceus

Merkmale 13–14 cm. Schlicht brauner Schilfvogel, äußerlich dem Sumpfrohrsänger (→ S. 76) ähnlich, der aber höchstens am Rande von Schilf lebt. Am einfachsten am Gesang zu bestimmen.
Lebensweise In Mitteleuropa häufigster Rohrsänger, da dem Teichrohrsänger schon kleine Schilfbestände zum Brüten genügen. Langstreckenzieher, der in West- und Zentralafrika überwintert.
Wissenswertes Der Teichrohrsänger ist sehr eng an senkrechte Strukturen gebunden, je dichter, desto besser. Sein tiefes Napfnest hängt er geschickt zwischen Schilfstängeln auf, die mindestens 4–9 mm dick sein müssen.

Tipp für unterwegs

Wie ein großer Teichrohrsänger. Immer im Schilf, wo er sehr laut und tief „karre-karrre-karre-kiet-kiet-kiet-kiet" schnarrt. Heißt auch der „große Karrekiet".

Drosselrohrsänger

MAI–OKT

Acrocephalus arundinaceus

Merkmale 16–20 cm. Größter mitteleuropäischer Rohrsänger, fast singdrosselgroß.
Lebensweise Selten gewordener Brutvogel in ausgedehnten Altschilf-Beständen. Baut hier sein Nest meist am wasserseitigen Schilfrand. Singt vorzugsweise in der Dämmerung, klammert sich dabei auf einem Schilfhalm direkt unterhalb der Rispe fest.
Wissenswertes Drosselrohrsänger-Küken sind gute Kletterer, und das, lange bevor sie fliegen können. Plumpst eines aus dem Nest ins Wasser, hangelt es sich geschickt an den Schilfhalmen wieder empor!

Tipp für unterwegs

Wie eine kleine Amsel mit weißer Brust, stelzt oft den Schwanz. Immer an schnell fließenden, klaren Flüssen. Taucht gut.

Jungvogel

Wasseramsel

JAN–DEZ

Cinclus cinclus

Merkmale 17–20 cm. Unverwechselbar mit schwarzem Gefieder und weißem Latz.
Lebensweise In Mitteleuropa brütet die Wasseramsel nur an Flüssen der Mittelgebirge und Alpen, aber im Winter taucht sie auf der Suche nach eisfreien Gewässern auch an langsam fließenden Flüssen des Tieflandes auf. Ihre Nahrung sucht sie im Wasser, dabei dreht sie im Wasser liegende Steine um, unter denen sich Krebschen, Asseln und Insektenlarven verstecken.
Wissenswertes Wasseramseln brüten gern an Mühlenwehren, Brücken oder anderen menschlichen Bauwerken und nehmen auch spezielle Nistkästen an.

Tipp für unterwegs

Gelber Bauch, grauer Mantel und sehr langer Schwanz. Immer in Gewässernähe. Nistet an Brücken und Wehren.

im Flug gelblicher Bürzel

Gebirgsstelze

JAN–DEZ

Motacilla cinerea

Merkmale 17–20 cm. Ähnlich der bekannten und überall häufigen Bachstelze (s. u.), aber mit auffallend gelbem Bauch und viel längerem Schwanz. Die ähnliche Wiesenschafstelze (→ S. 86) hat einen olivgrünen Rücken, einen kürzeren Schwanz und ist nicht an Gewässer gebunden.
Lebensweise Brutvogel an schattigen Waldbächen und -flüssen. In Mitteleuropa brütet sie am häufigsten im Bergland, selten im nördlichen Flachland.
Wissenswertes Im Winter sieht man Gebirgsstelzen vermehrt auch im Norden an langsam fließenden Gewässern und an küstennahen Flussmündungen.

Tipp für unterwegs

Überall häufig, selbst inmitten von Städten, brütet gern in Gebäudenischen, auch fernab vom Wasser.

Bachstelze

MÄRZ–NOV

Motacilla alba

Merkmale 17–19 cm. Spatzengroß mit langem Schwanz und feinem Schnabel. Männchen zur Brutzeit mit schwarzer Kappe, schwarzem Latz und weißem Gesicht, Weibchen weniger kontrastreich.
Lebensweise Ursprünglich Bewohner von Flussufer hat sich die Bachstelze der vom Menschen veränderten Landschaft hervorragend angepasst und brütet sogar inmitten von Industrieanlagen. Ihre Nahrung besteht hauptsächlich aus Insekten und Krebschen.
Wissenswertes Überwintert meist im Mittelmeerraum.

An der Küste

Tipp für unterwegs

Ruft charakteristisch „rott-rott". Zur Zugzeit und im Winter in Schwärmen von mitunter mehreren Tausend an der Nordseeküste.

Flugbild

Ringelgans

OKT–MAI

Branta bernicla

Merkmale 55–60 cm. Kleiner als eine Graugans (→ S. 98) und vor allem, was auch schon von Weitem auffällt, viel dunkler. Typisch: Das weiße „Heck" der Ringelgans und die weißen Halsringel.

Lebensweise Brutvogel der arktischen Tundra. Bei uns ab Oktober an flachen Küsten der Nordsee mit regelmäßig trockenfallendem Meeresboden (Wattenmeer) und angrenzenden Salzwiesen. Hier weidet sie Seegräser, Algen, Tange und auch Süßgräser ab.

Wissenswertes In jüngerer Zeit stellen sich Ringelgänse auch zunehmend auf Ackerflächen mit Wintergetreide ein.

Tipp für unterwegs

Immer in großen, lärmenden Schwärmen „gäk-gäk"; wirken von unten im Flug hell mit dazu kontrastierender, schwarzer Brust.

Weißwangengans, Nonnengans

OKT–MÄRZ

Branta leucopsis

Merkmale 58–70 cm. Kleiner als eine Graugans (→ S. 98), mit dunklem Rücken, schwarzem Hals und weißem Gesicht. Die Nonnengans ist am ehesten mit der Kanadagans (→ S. 96) zu verwechseln.

Lebensweise Hochnordischer Brutvogel, bei uns Wintergast aus dem Norden.

Wissenswertes Weltweit gibt es drei Brutpopulationen der Nonnengans: auf Grönland, auf Spitzbergen und in der russischen Arktis. Allesamt überwintern sie an den europäischen Küsten, wodurch wir Europäer maßgeblich die Verantwortung zum Erhalt der Weltpopulation der schönen, nordischen Wildgans tragen.

Tipp für unterwegs

Brütet gänseuntypisch unter der Erde in verlassenen Kaninchenbauten. Berühmt durch ihre „Mauserwanderungen".

im Jugendkleid

Brandgans

JAN–DEZ

Tadorna tadorna

Merkmale 55–65 cm. Stockentengroße, schwarz-weiße Gans mit knallrotem Schnabel und auffälligem rostbraunen Brustband.

Lebensweise Brutvogel an flachen Meeresküsten, gelegentlich auch im Binnenland.

Wissenswertes Alljährlich treffen sich auf einsamen Sandbänken der schleswig-holsteinischen Nordseeküste bis zu 100 000 Brandgänse aus dem ganzen europäischen Raum. Hier erneuern sie ihr Gefieder („mausern"), wodurch sie zeitweise flugunfähig sind und somit in besonderem Maße auf ungestörte Plätze angewiesen.

Tipp für unterwegs

Wintergast aus dem hohen Norden. Vor allem an der Küste und auf küstennahen Binnengewässern und angrenzenden Wiesen. Pfeift „huiiu".

Männchen im Flug

Pfeifente

SEPT–APR

Anas penelope

Merkmale 42–50 cm. Kleiner als eine Stockente, Männchen (li.) mit typischem, zimtfarbenem Kopf und gelbem Scheitel.
Lebensweise Brutvogel an kleinen Seen und langsamen Fließgewässern Skandinaviens bis nach Kamtschatka. Brütet nur vereinzelt in Mitteleuropa, fliegt hier aber ab September in großen Schwärmen ein, um zu überwintern.
Wissenswertes Die Nordseeküste Mitteleuropas ist für den Bestand der Pfeifente von international sehr großer Bedeutung. Allein im schleswig-holsteinischen Wattenmeer überwintern regelmäßig mehr als 150 000 Pfeifenten.

Tipp für unterwegs

Fehlt im Sommer in Mitteleuropa. Ab September in großen Schwärmen am Meer und an Flussmündungen gut zu beobachten.

Bergente

SEPT–APR

Aythya marila

Merkmale 42–50 cm. Kleine, dunkle Ente mit weißen Flanken, sehr ähnlich der bei uns brütenden Reiherente (→ S. 104), im Gegensatz zu dieser aber ohne Federtolle und mit silbergrauem statt schwarzem Rücken. Weibchen (re.) schlicht, auffällig ist aber der weiße Schnabelgrund.
Lebensweise Bergenten brüten hauptsächlich in nordischen Mooren und in der Tundra, zum Überwintern bevorzugen sie aber Meeresküsten. Denn hier finden sie auch im Winter reichlich Nahrung: Sie leben dann hauptsächlich von Miesmuscheln, die sie geschickt vom Gewässergrund holen.
Wissenswertes Leidet bei uns unter hohem Jagddruck und der Meeresverschmutzung.

Tipp für unterwegs

Männchen mit sehr markantem Profil und auffälliger Schwarz-Weiß-Zeichnung. Balzt mit „au-huu"-Rufen.

Pärchen im Flug

Eiderente

JAN–DEZ

Somateria mollissima

Merkmale 60–70 cm. Männchen (li.) von November bis Mai im auffälligen, schwarz-weißen Prachtkleid. Das unscheinbare Weibchen (re.) ist braun.
Lebensweise Brütet in Dünen und auf Inseln, im Winter im Wattenmeer. Tauchente, die vorwiegend von Muscheln lebt. Liefert die „Eiderdaune" in unseren Kissen.
Wissenswertes Während die Eiderenten-Bestände früher unter zu starker Entnahme von Daunen und Eiern litten, sind sie heute durch Ölrückstände und Anreicherung von Giften in ihrer Nahrung (Muscheln filtern pausenlos das Meereswasser und reichern dadurch Giftstoffe an) noch gravierender gefährdet.

Samtente

SEPT–MAI

Melanitta fusca

Tipp für unterwegs

Nur von Herbst bis Frühjahr bei uns; meist in großen Schwärmen auf der Ostsee, aber auch an der Nordsee und gelegentlich im Binnenland.

Merkmale 51–58 cm. Männchen schwarz mit weißem Augenring und im Flug gut sichtbarem, weißem Flügelfeld; Weibchen bräunlich mit zwei hellen Wangenflecken.
Lebensweise Bei uns kennt man sie nur als Meeresente, die auf flachen Sandgründen weit draußen in Ost- und Nordsee bei eisigem Wetter und rauer See nach Muscheln taucht. Doch zur Brutzeit findet man sie im hohen Norden auf stillen Tundren und einsamen Bergseen.
Wissenswertes Stellt, wie viele Enten, ihre Nahrung im Sommer um: Dann lebt sie von wasserlebenden Insektenlarven, kleinen Fischen und Wasserpflanzen.

Eissturmvogel

JAN–DEZ

Fulmarus glacialis

Tipp für unterwegs

Keine Möwe! Typisch: Kurzer Hals, der dicke Kopf mit „Röhrennase". Eleganter Segelflug mit steif ausgestreckten Flügeln.

häufig im Gleitflug

Merkmale 43–52 cm. Kleiner als eine Silbermöwe (→ S. 152) und im Unterschied zu dieser mit grauem (nicht weißem) Schwanz und heller (nicht schwarzer) Flügelspitze.
Lebensweise Eissturmvögel sieht man fast immer auf dem offenen Meer, wo sie Schiffen folgen, denn sie leben hauptsächlich vom Beifang der Fischerei. Nur zur Brutzeit kommen sie an Land; dann nisten sie meist in Kolonien zusammen mit anderen Seevogelarten. Bei uns nur auf Helgoland.
Wissenswertes Die röhrenförmig verlängerte Nasenöffnung dient der Ausscheidung von Salz; zur Gruppe der „Röhrennasen" zählen auch die auf der Südhalbkugel beheimateten Albatrosse.

Basstölpel

JAN–DEZ

Sula bassana

Tipp für unterwegs

Fliegt wie ein Segelflugzeug und stößt ins Wasser wie eine Rakete.

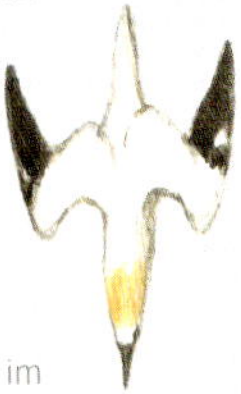

Jagd im Sturzflug

Merkmale 85–95 cm. Gänsegroß und weiß mit gelblichem Kopf und schwarzen Flügelspitzen. Schnabel kräftig, spitz und bläulich.
Lebensweise Brütet in Kolonien auf windexponierten Felsinseln und an Steilküsten mit großem Angebot an Meeresfischen, auf der Nordsee-Insel Helgoland zu beobachten. Stoßtaucher, hauptsächlich auf Schellfisch, Hering, Makrele, Sandaal, Sprotte und Dorschartige bis zu 45 cm Länge.
Wissenswertes Bei ihren spektakulären Sturzflügen aus Höhen bis zu 50 m erreichen Basstölpel Geschwindigkeiten bis zu 100 km/h.

Austernfischer
JAN–DEZ

Haematopus ostralegus

Tipp für unterwegs

Fischt keine Austern. Wie ein kleiner, schwarzer Storch. Ruft aufdringlich „Kliep! Kliep!".

Austernfischer im Flug

Merkmale 39–44 cm. Sein schwarz-weißes Gefieder, lackrote Beine und Schnabel und sein wenig scheues Wesen machen den Austernfischer unverwechselbar.
Lebensweise Brutvogel auf Stränden, Dünen, aber auch auf kurzrasigen Wiesen und Weiden in Küstennähe. Stochert nach Würmern, Krebschen und Muscheln wie Plattmuscheln, Herzmuscheln und Miesmuscheln.
Wissenswertes Austernfischer sind wie viele Watvögel (nicht: Wattvögel) sehr gesellig; nach der Brutzeit schließen sie sich gern zu größeren Trupps zusammen und halten sich dann bevorzugt auf schlickigen Flächen auf.

Stelzenläufer
APR–SEPT

Himantopus himantopus

Tipp für unterwegs

Überlange Beine und dünner Nadelschnabel. In Mitteleuropa nur selten zu beobachten.

Merkmale 33–36 cm. Zierlicher, schwarz-weißer Watvogel; Weibchen sehr ähnlich dem Männchen, etwas weniger kontrastreich.
Lebensweise Brütet in Küstenlagunen, auf Reisfeldern und überschwemmten Wiesen in Südeuropa. Baut sein Nest hier auf kleinen Inseln. In Mitteleuropa vor allem in der ungarischen Tiefebene; sonst eher unregelmäßiger Durchzügler oder Sommergast.
Wissenswertes Seine extrem langen Beine und der lange Schnabel ermöglichen es dem Stelzenläufer, auch in tieferem Wasser nach Nahrung zu suchen.

Säbelschnäbler
APR–NOV

Recurvirostra avosetta

Tipp für unterwegs

Eigenartiger, nach oben gebogener Säbelschnabel und blaue Beine. Ruft flötend „plüüit". Gefährdeter Brutvogel.

Flugbild

Merkmale 42–45 cm. Kräftiger Watvogel mit schwarz-weißem Gefieder, aufwärts gebogenem Schnabel und auffällig langen Beinen.
Lebensweise Brutvogel an flachen Meeresbuchten und Flussmündungen, aber auch im Binnenland. Legt seine Eier in eine flache Mulde am Boden, die Küken verlassen das Nest unmittelbar nach dem Schlupf („Nestflüchter") und können bei Gefahr auch schwimmend flüchten.
Wissenswertes „Säbelt" mit leicht geöffnetem Schnabel durchs Wasser oder durch Schlick und filtert dabei Würmer, Krebschen und junge Fische heraus.

Tipp für unterwegs

Rennt über den Sand und ruft weich „huit". Legt seine gesprenkelten, vorzüglich getarnten Eier in eine Bodenmulde im Sand.

Flugbild

Seeregenpfeifer

MÄRZ–OKT

Charadrius alexandrinus

Merkmale 15–17 cm. Mit hellem, sandfarbenem Gefieder, bei dem das dunkle Brustband vorne offen ist (vgl. Sandregenpfeifer, s. u. und Flussregenpfeifer → S. 118), relativ langen Beinen und feinem, spitzem Schnabel.
Lebensweise Brutvogel an Sandstränden, pickt nach Insekten und stochert nach kleinen Krebschen, Würmern und Muscheln.
Wissenswertes „Verleitet" vermeintliche Angreifer, indem er sich verletzt stellt, sie vom Nest fortlockt und dann ganz unvermittelt und kerngesund fortfliegt.

Tipp für unterwegs

Seine zweisilbigen „kü-lieh"-Rufe begleiten den Strandwanderer an ungestörten Küstenabschnitten.

im Flug

Sandregenpfeifer

MÄRZ–OKT

Charadrius hiaticula

Merkmale 17–19 cm. Vom ähnlichen Flussregenpfeifer (→ S. 118) durch zweisilbigen (nicht einsilbigen) Ruf, die im Flug auffallende breite, weiße Flügelbinde und den fehlenden, gelben Augenring unterschieden. Vom Seeregenpfeifer (s. o.) durch das vorn geschlossene, dunkle Brustband zu unterscheiden.
Lebensweise Hauptsächlich Brutvogel naturbelassener Dünen, aber auch an kahlen Fluss- und Seeufern. Typisch: Rennt („rollt") über den Sand, stoppt plötzlich und pickt nach Insekten, Krebschen und anderem Kleingetier.
Wissenswertes Der Freizeitrummel an unseren Stränden macht ihm seinen Brutlebensraum streitig.

Tipp für unterwegs

Brutvogel des hohen Nordens, der aber so gut wie ganzjährig in nahrungssuchenden Schwärmen im Wattenmeer zu beobachten ist.

Pfuhlschnepfe

JAN–DEZ

Limosa lapponica

Merkmale 33–40 cm. Haushuhngroßer Watvogel mit langen Beinen und langem, aufgeworfenem Schnabel. Männchen im Prachtkleid leuchtend rostbraun.
Lebensweise Brütet in der arktischen Tundra, bei uns hauptsächlich auf dem Durchzug ins afrikanische Winterquartier, aber auch Überwinterer und sogar Übersommerer, der sein Gefieder im Wattenmeer wechselt.
Wissenswertes Im Unterschied zur ähnlichen, bei uns auf Wiesen brütenden Uferschnepfe (→ S. 60) mit auffälligem weißen Rückenkeil (im Flug sichtbar), dafür ohne deren breite, weiße Flügelbinden.

Rotschenkel
JAN–DEZ

Tringa totanus

Merkmale 24–27 cm. Auffälliger Watvogel, im Flug unverwechselbar durch drei große, weiße Dreiecke auf Flügeln und Rücken. Warnt laut flötend "djü-dü-dü".
Lebensweise Brütet heute hauptsächlich auf küstennahen Salzwiesen, weil seine ursprünglichen Brutgebiete auf Feuchtwiesen und in Mooren heute so intensiv genutzt werden, dass er hier kaum noch Bruterfolg hat. Stochert mit seinem langen Schnabel im Schlamm nach Krebsen, Würmern und anderem Kleingetier.
Wissenswertes Im Winter in kleineren Trupps auf schlammigen Flächen zu beobachten.

Tipp für unterwegs

„Feuerwehr der Marschen" mit knallroten Beinen und langem, rotem Schnabel. Steht zur Brutzeit oft auf Pfählen und ruft.

Rückenkeil und Flügelhinterrand weiß

Dunkler Wasserläufer
MÄRZ–MAI, JULI–OKT

Tringa erythropus

Merkmale 29–33 cm. Großer Watvogel mit langen Beinen und langem Stocherschnabel. Im Prachtkleid ist das Männchen fast ganz schwarz (Name!) mit vielen, weißen Pünktchen auf den Flügeln; im Flug ist der ovale Rückenfleck sichtbar (vergleiche Grünschenkel, s. u.). Im Schlichtkleid insgesamt hell wirkend.
Lebensweise In Europa Brutvogel Nordskandinaviens.
Wissenswertes Zur Zugzeit im Frühjahr, wenn er bei uns auftaucht, ist sein Prachtkleid meist noch nicht ganz ausgefärbt und im Spätsommer, wenn er aus seinen Brutgebieten zurückkehrt, schon wieder verblasst oder auch recht fleckig („Übergangskleid").

Tipp für unterwegs

Bei uns nur auf dem Durchzug und dann meist im hellen Schlichtkleid. Im Unterschied zum dann ähnlichen Rotschenkel im Flug ohne weiße Flügelfelder.

Grünschenkel
JULI–OKT, APR–MAI

Tringa nebularia

Merkmale 30–34 cm. Großer, kräftiger Watvogel, der insgesamt sehr hell wirkt. Im Flug sichtbar: Der große, weiße Rückenkeil (er ist nicht oval wie beim Dunklen Wasserläufer, s. o.). Im Gegensatz zum Rotschenkel (s. o.) im Flug ohne weiße Flügelbinden.
Lebensweise Brutvogel in der Tundra, in Mooren und Heide mit einzelnen Bäumen. Sehr aufmerksam und ruffreudig, fliegt schon bei geringster Störung auf und ruft „kjück-kjück-kjück-kjück".
Wissenswertes Grünschenkel sind in kleineren Trupps auch im Binnenland zu beobachten.

Tipp für unterwegs

Mit grünen Beinen (Name). Brutvogel Skandinaviens, bei uns nur zu Zugzeiten im Frühjahr sowie Spätsommer bis Herbst.

Kampfläufer
Philomachus pugnax

MÄRZ–OKT

Merkmale 22–32 cm. Watvogel mit langen Beinen und im Verhältnis kurzem, geradem Schnabel. Männchen (li.) im Prachtkleid bunt und variabel gefärbt, von Weiß über Rostbraun bis Schwarz und mit verlängerten Gefiederpartien. Im Schlichtkleid wie das Weibchen (re.) mit schuppig gezeichnetem Gefieder sowie zwei schmalovalen, weißen Schwanzflecken.
Lebensweise Brütet seit Zerstörung der Moore heute nur noch küstennah im Norden Mitteleuropas.
Wissenswertes Die auffällige Balz findet in Gruppen auf traditionellen Balzarenen statt.

Tipp für unterwegs

Geschmückt mit Perücke und Halskrause tragen die Männchen im Mai Scheinkämpfe um Weibchen aus (Name).

balzende Männchen

Steinwälzer
Arenaria interpres

JAN–DEZ

Merkmale 21–24 cm. Recht kleiner, aber kompakter Watvogel mit kurzen, kräftigen Beinen und kurzem, kräftigem Schnabel. Männchen zur Brutzeit mit auffällig schwarz geflecktem Gefieder, im Schlichtkleid immer noch mit auffällig dunkler Brust und dunklem Hals.
Lebensweise Brütet an kahlen, trockenen Stellen in Küstennähe, aber auch in der niedrigwüchsigen Tundra. Ernährt sich vielseitig von Krebsen, Würmern, Insekten, Aas und Sämereien.
Wissenswertes Noch im 19. Jahrhundert brüteten Steinwälzer regelmäßig in Norddeutschland, warum heute nicht mehr, ist nicht wirklich befriedigend geklärt.

Tipp für unterwegs

Dreht auf der Suche nach Nahrung Steine um (Name). Brütet kaum noch in Mitteleuropa, überwintert und übersommert hier aber.

Sanderling
Calidris alba

JAN–DEZ

Merkmale 18–21 cm. Spatzengroßer, sehr heller Watvogel mit kurzen, schwarzen Beinen und sehr kurzem, schwarzem Schnabel. Nur im Hochsommer sind Hals und Brust des Sanderlings rostrot.
Lebensweise Brütet in der arktischen, steinigen und kahlen Tundra, in Europa kein Brutvogel, nur als Gast. Pickt an der Wasserlinie nach Insekten, Würmern, Krebschen und anderem Kleingetier.
Wissenswertes Sanderlinge brüten zwar nicht in Mitteleuropa, sind hier aber dennoch auch in kleinerer Zahl im Sommer und auch im Winter zu sehen, hauptsächlich im Wattenmeer.

Tipp für unterwegs

Rennt mit kurzen Trippelschritten an der Wasserkante entlang. Am häufigsten im Mai und Frühherbst zu beobachten.

Tipp für unterwegs

Seinen Namen soll er dem dänischen König Knut verdanken, der den massigen Vogel wohl gern verspeiste.

Knutt im Prachtkleid

Knutt

JAN–DEZ

Calidris canutus

Merkmale 23–26 cm. Robuster Watvogel mit kurzen Beinen, kräftigem Körperbau und kurzem, kräftigem Schnabel. Männchen im Prachtkleid rostrot, Weibchen und Männchen im Schlichtkleid hellgrau mit hellem Bauch.
Lebensweise Brütet in der arktischen Tundra. Außerhalb des Brutgebietes immer in großen Schwärmen, die im Wattenmeer nach Nahrung suchen.
Wissenswertes Ganzjährig im Wattenmeer zu sehen, wobei die gewaltigen Schwärme aus Tausenden Knutts im Mai/Juni und im August/September wie dichte Wolken an der Küste auftauchen.

Tipp für unterwegs

Name beruht auf Übersetzungsfehler: Eigentlich müsste er „Bergstrandläufer" heißen, benannt nach der Berg-Tundra, in der er brütet.

im Flug

Alpenstrandläufer

JAN–DEZ

Calidris alpina

Merkmale 17–21 cm. Kleiner, stämmiger und kurzbeiniger Watvogel mit mittellangem Schnabel. Bei uns meist im Schlichtkleid (re.) zu sehen, das nur noch Anflüge des im Prachtkleid (li.) schwarzen Bauches zeigt.
Lebensweise Brutvogel der nordischen Tundra, brütet nur noch vereinzelt an mitteleuropäischen Küsten. Zur Zugzeit hier jedoch in wolkenartigen Schwärmen aus Tausenden von Vögeln. So zählt der Alpenstrandläufer zur Zugzeit zu den häufigsten Vögeln im Wattenmeer.
Wissenswertes Ursprünglich brütete der Alpenstrandläufer zahlreich auch in mitteleuropäischen Mooren, Heiden und an der Küste.

Tipp für unterwegs

Brütet nicht am Meer. Aber auf dem Durchzug und im Winter an felsigen Küsten und Hafenmolen.

Meerstrandläufer

JAN–MAI, AUG–DEZ

Calidris maritima

Merkmale 19–22 cm. Wie ein dicker, dunkler Alpenstrandläufer (s. o.) mit gelben Beinen.
Lebensweise Brutvogel der skandinavischen Fjälltundra, hier meist weitab vom Meer. Außerhalb der Brutzeit jedoch eng an felsige Küsten gebunden, wo er zwischen Steinen oder entlang der Wasserkante nach Schnecken und Krebschen sucht.
Wissenswertes Meerstrandläufer brüten in direkter Nachbarschaft zu Schnee und Eis und überschreiten sogar den 80. Grad nördlicher Breite. Damit zählen sie zu den nördlichsten Brutvogelarten der Welt.

Tipp für unterwegs

„Pinguin des Nordens". Brütet in Mitteleuropa nur auf der Nordseeinsel Helgoland.

Flugbild

Trottellumme

JAN–DEZ

Uria aalge

Merkmale 38–45 cm. Pinguinähnlich (vergleiche Tordalk, s. u.), aber flugfähig, fliegt mit seinen kurzen, spitzen Flügeln aber nicht sehr elegant.
Lebensweise Hochseevogel, der nur zum Brüten an Land kommt. Sucht dazu felsige Inseln oder Steilküsten auf, wo im Mai und Juni Hunderte bis Tausende von Paaren dicht an dicht brüten („Vogelfelsen").
Wissenswertes Auf dem einzigen Vogelfelsen Mitteleuropas, dem „Lummenfelsen" Helgolands, brüten nach starken Bestandseinbrüchen heute wieder rund 2500 Trottellummen.

Tipp für unterwegs

In Mitteleuropa seltener Hochseevogel, brütet hier nur auf der Nordseeinsel Helgoland und auf der dänischen Ostseeinsel Graesholm.

Tordalk

JAN–DEZ

Alca torda

Merkmale 38–43 cm. Pinguinähnlich wie die Trottellumme (s. o.), im Unterschied zu dieser aber mit stumpf endendem Schnabel, der gut sichtbare, weiße Streifen aufweist.
Lebensweise Erbeutet tauchend Fische, hauptsächlich Sprotten. Brütet häufig in gemischten Kolonien mit Trottellummen, auf Helgoland nur wenige Paare.
Wissenswertes Große Brutkolonien auf Island, wo mit 250 000 bis über 500 000 Paaren ¾ des europäischen Bestandes brüten, außerdem Brutvogel in der Bretagne, in Irland, Großbritannien, Norwegen und Schweden.

Tipp für unterwegs

Brütet auf Vogelfelsen, ruft quäkend „kittiwääh", weshalb sie im Englischen „Kittiwake" heißt: „Das Baby ist wach".

Flügelspitze bis zum Rand schwarz

Dreizehenmöwe

JAN–DEZ

Rissa tridactyla

Merkmale 37–42 cm. Etwa so groß wie die bekannte Lachmöwe (→ S. 122), sehr ähnlich der Sturmmöwe (→ S. 120), von dieser durch Rufe unterschieden und im Flug durch ihre ganz schwarzen Flügelspitzen, die aussehen, als wären sie in ein Tintenfass getunkt worden.
Lebensweise Hochseevogel, auch in Häfen zu beobachten. Im Frühsommer findet man Dreizehenmöwen gemeinsam mit anderen Hochseevögeln wie Trottellumme und Basstölpel auf Vogelfelsen zum Brüten.
Wissenswertes Größte Brutkolonie Mitteleuropas mit über 8000 Paaren auf Helgoland.

Tipp für unterwegs

Mächtige, bussardgroße Möwe, an der Küste überall häufig: Folgt Ausflugsdampfern, besucht Strände und Häfen und lässt sich füttern.

Jungvogel

Silbermöwe

JAN–DEZ

Larus argentatus

Merkmale 54–60 cm. Große, silbergraue Möwe mit kräftigem, gelbem Schnabel, rosafarbenen Beinen und strengem Blick. Junge Silbermöwen sind braun gefleckt, ihr Schnabel ist noch dunkel.
Lebensweise Brütet auf küstennahen Wiesen, Felsen, Inseln und auch auf Gebäuden. Erbeutet Krebse, Fische und Muscheln, raubt aber auch Eier und Küken.
Wissenswertes Die Silbermöwe ist sehr anpassungsfähig und in der Lage, flexibel unterschiedlichste Nahrungsquellen zu nutzen. So besucht sie auch regelmäßig Mülldeponien und Schlachthöfe.

Tipp für unterwegs

Wie eine dunkle Silbermöwe mit gelben Beinen. Klingt wie eine heisere Silbermöwe.

Flugbild

Heringsmöwe

JAN–DEZ

Larus fuscus

Merkmale 48–56 cm. So groß wie die überall an der Küste häufige Silbermöwe (s. o.), von der Mantelmöwe (s. u.) durch viel geringere Größe und gelbe Beine unterschieden.
Lebensweise Meist Koloniebrüter in Dünen, auf küstennahen Wiesen und vorgelagerten Inseln. Taucht aus 10–12 m hohen Suchflügen nach Fischen, folgt auch Fischkuttern und ergattert deren Beifänge, nimmt notfalls auch Abfälle.
Wissenswertes Viele Heringsmöwen verbringen den Winter im Nordatlantik, manche ziehen aber auch in Richtung Süden, bis nach Afrika.

Tipp für unterwegs

Gewaltige, dunkle Möwe, übertrifft die Silbermöwe an Größe. Segelt mit wenigen Flügelschlägen, kann aus der Ferne für einen Greifvogel gehalten werden.

Mantelmöwe

JAN–DEZ

Larus marinus

Merkmale 61–74 cm. Größte europäische Möwe. Durch dunklen Rücken nur mit der (aber deutlich kleineren) Heringsmöwe (s. o.) zu verwechseln. Wichtiges Unterscheidungsmerkmal sind neben der Größe die fleischfarbenen Beine der Mantelmöwe.
Lebensweise Brütet einzeln oder in kleinen Kolonien auf kleinen Inseln, Sandbänken und Stränden. Ernährt sich von Fischen, Muscheln, Eiern, Jungvögeln und auch von Abfällen.
Wissenswertes Profitiert wie viele Möwenarten von den Abfällen der Hochseefischerei und von der nachlassenden Bejagung. Brütet seit den 1990er-Jahren auch zunehmend in Mitteleuropa.

Brandseeschwalbe
MÄRZ–OKT

Sterna sandvicensis

Merkmale 37–43 cm. Von allen anderen Seeschwalben eindeutig durch struppige Kopfhaube, schwarzen Schnabel mit gelber Spitze und schwarze Beine unterschieden.
Lebensweise Koloniebrüter auf Sandbänken, ungestörten Sandstränden und Dünen; oft in der Nähe anderer Seeschwalben- oder Möwenkolonien. Stoßtaucher, Hauptbeute sind schlanke Schwarmfische bis zu 15 cm Größe.
Wissenswertes Im Jahr 1965 kam es zu katastrophalen Bestandseinbrüchen infolge der Biozidverseuchung der Küstengewässer. Seither durch intensive Schutzmaßnahmen kontinuierliche Zunahme.

Tipp für unterwegs

Brütet nur in Schutzgebieten. Unverwechselbar: ihre kratzigen „kirräck"-Rufe.

Küstenseeschwalbe
APR–OKT

Sterna paradisaea

Merkmale 33–39 cm. Lange, schmale Flügel, lange Schwanzspieße und schwarze Kopfkappe. Mit rotem Schnabel und roten Beinen sehr ähnlich der Flussseeschwalbe (→ S. 122) und auch von Fachleuten oft kaum voneinander zu unterscheiden.
Lebensweise Brütet auf Stränden, in Dünen und auf Salzwiesen. Taucht nach kleinen Fischen.
Wissenswertes Die nördlichsten Küstenseeschwalben brüten in der Arktis und überwintern in der Antarktis, so kommt es zu den weiten Zugstrecken. Denn Seeschwalben fliegen immer dem jeweiligen Sommerhalbjahr entgegen.

Tipp für unterwegs

Hält den Weltrekord im Weitflug: Umfliegt jedes Jahr einmal den ganzen Erdball (ca. 40.000 km). Dazu bräuchte ein Mensch (ohne Brutpause) zu Fuß etwa 4 Jahre.

Zwergseeschwalbe
APR–SEPT

Sterna albifrons

Merkmale 21–25 cm. Fällt auch ohne direkten Vergleich durch ihre zierliche Gestalt auf. Der gelbe Schnabel und die gelben Beine schließen eine Verwechslung mit anderen Seeschwalben aus.
Lebensweise Brütet in lockeren Kolonien auf Sandstränden, wo die gut getarnten Eier der Zwergseeschwalbe oft versehentlich zertreten werden.
Wissenswertes Die Jungvögel anderer Seeschwalben-Arten tragen ebenfalls eine weiße Blesse und im Herbst färbt sich auch die Stirn der Altvögel anderer Arten weißlich. Also immer auch auf die Farbe des Schnabels und der Beine achten.

Tipp für unterwegs

Kleinste europäische Seeschwalbe, nicht größer als eine Amsel. Typisch: gelber Schnabel, gelbe Beine und weiße Blesse.

kleinste Seeschwalbe im Flug

In den Bergen

Alpenschneehuhn

JAN–DEZ

Lagopus muta

Merkmale 31–35 cm. Im Sommer braun getüpfelt, im Herbst und Frühjahr mit weißen Flecken und im Winter ganz weiß. Typisch für Schneehühner: ihre stark befiederten Beine und Füße; die schützen sie vor der Kälte.
Lebensweise In Mitteleuropa nur in den Alpen. Ernährt sich hauptsächlich von Knospen, Blättern und Beeren. Das Alpenschneehuhn baut sein Bodennest zwischen Felsen und Zwergsträuchern.
Wissenswertes Nur die Flügel des Alpenschneehuhns sind das ganze Jahr hin-durch schneeweiß, wodurch die Hühner im Flug sehr auffallen.

Tipp für unterwegs

Praktisch unsichtbar zwischen Fels und Schneefeldern. Verlässt sich auf seine Tarnung und kann deshalb oft aus nächster Nähe beobachtet werden.

Auerhuhn

JAN–DEZ

Tetrao urogallus

Merkmale 54–90 cm. So groß wie eine Graugans. Männchen (li.) schwarzbraun, Weibchen (re.) tarnfarben mit orangefarbener Brust.
Lebensweise Braucht ungestörte, naturnahe und abwechslungsreiche Nadel- und Mischwälder und zählt deshalb in Mitteleuropa mittlerweile zu den besonders gefährdeten Brutvögeln. Lebt hauptsächlich von Knospen, Blättern, Beeren und im Winter von Kiefernnadeln.
Wissenswertes Berühmt durch „Balzarenen" im Wald, wo sich die Männchen bereits ab März im Mondschein mit mächtigem Imponiergehabe gegenseitig anglucksen.

Tipp für unterwegs

Mächtiges, seltenes Waldhuhn. Macht gehörigen Krach beim Auffliegen und kann Wanderer damit erschrecken.

Birkhuhn

JAN–DEZ

Tetrao tetrix

Merkmale 40–58 cm. Stockentengroß; Männchen mit schwarz schillerndem Gefieder, Weibchen tarnfarben.
Lebensweise Braucht halboffene, abwechslungsreiche Landschaften mit vielfältigem Pflanzenbewuchs. Ernährt sich von frischen Pflanzentrieben, Knospen, Blättern und Beeren, die Küken fast nur von Insekten.
Wissenswertes Früher brüteten Birkhühner bei uns auch überall im Flachland in Mooren und Heiden. Die „Urbarmachung" dieser Biotope und ihre Zerstückelung haben das schöne Huhn leider verschwinden lassen, sodass es heute in Mitteleuropa fast ausschließlich in den Alpen überlebt hat.

Tipp für unterwegs

Wie ein kleines Auerhuhn. Leidet unter der immer weiter fortschreitenden Erschließung seiner Lebensräume für den Wintersport.

Birkhuhn Weibchen

Bartgeier

JAN–DEZ

Gypaetus barbatus

Tipp für unterwegs

In Mitteleuropa selten. Segelt fast ohne Flügelschlag an Steilhängen entlang. Im Flug: langer, keilförmiger Schwanz.

Flugbild

Merkmale 105–125 cm. Noch größer als ein Steinadler (s. u.) mit einer Flügelspannweite bis zu 2,82 m, rostbraunem Körper und mächtigem Geier-Hakenschnabel.
Lebensweise Ernährt sich von Aas und frisst sogar größere Knochen, die er aus großer Höhe fallen lässt, damit sie zersplittern. Brütet an steilen Felsabstürzen.
Wissenswertes Bestände in Mitteleuropa waren durch Bejagung und Nahrungsknappheit komplett erloschen. Durch Aussetzung von mittlerweile rund 100 Bartgeiern brüten heute wieder mehrere Paare in den Alpen, die aber streng geschützt und betreut werden müssen.

Steinadler

JAN–DEZ

Aquila chrysaetos

Tipp für unterwegs

Mit einer Flügelspannweite bis zu 2,30 m ein mächtiger Segler am Berghimmel.

Steinadler im Flug

Merkmale 80–93 cm. Dunkelbrauner Adler mit goldgelbem Scheitel und Nacken, worauf sich sein wissenschaftlicher Name bezieht (griech. chrysos = Gold, aetos = Adler). Jungvögel mit weißem Schwanz und weißen Flügelflecken.
Lebensweise Brütet an steilen Felswänden und jagt hauptsächlich Hasen, Murmeltiere und Schneehühner.
Wissenswertes Steinadler bleiben lebenslang zusammen und verteidigen ihr Revier das ganze Jahr über gegen andere Steinadler. Ein Steinadler-Revier umfasst in Mitteleuropa zwischen 20 und 80 km^2.

Wanderfalke

JAN–DEZ

Falco peregrinus

Tipp für unterwegs

Bewohnt neuerdings auch Großstädte, wo er nachts im Scheinwerferlicht angestrahlter Gebäude erfolgreich Zugvögel und Fledermäuse jagt.

Merkmale 38–50 cm. Rücken blaugrau, Brust und Bauch hell mit dunklen Flecken. Aus der Nähe fällt der dunkle Kopf mit dem schwarzen Backenbart auf.
Lebensweise Reiner Vogeljäger; brütet an Steilwänden im Gebirge, aber auch im Flachland auf Bäumen. Im Herbst und Winter sind Wanderfalken auch regelmäßig auf Zugvogeljagd an der Meeresküste.
Wissenswertes In den 1960er- und 1970er-Jahren brachen europaweit die Bestände zusammen. Ursache war das Insektengift DDT, das sich über Kleinvögel schließlich auch im Wanderfalken anreicherte und seine Eierschalen dünn werden ließ.

Tipp für unterwegs

Im südlichen Mitteleuropa und hier nicht nur im Gebirge, sondern auch in Städten, die er als „Ersatzfelsen“ nutzt. Typisch: Seine Flugtriller „trit-ri-tririri …“.

Alpensegler

APR–OKT

Apus melba

Merkmale 20–23 cm. Saust durch die Lüfte wie ein dunkler Bumerang. Im Unterschied zum sehr ähnlichen Mauersegler (→ S. 175) mit weißem Bauch und weißer Kehle.
Lebensweise Brutvogel an steilen Felswänden und an Gebäuden; brütet in kleinen Kolonien in Fels- oder Mauernischen und jagt fast pausenlos Fluginsekten.
Wissenswertes Während der Alpensegler in Österreich und in der Schweiz seine nördliche Verbreitungsgrenze hat (wenige kleine Kolonien auch in süddeutschen Städten), brütet der Mauersegler bis hoch in Skandinavien und östlich bis in die Mongolei.

Tipp für unterwegs

Typische Spur: „geringelte“ Fichten. Holzkäferspezialist, der in zu arg aufgeräumten Fichtenwäldern verhungert.

Dreizehenspecht

JAN–DEZ

Picoides tridactylus

Merkmale 22–24 cm. Kleiner als der bekannte Buntspecht und ohne Rot im Gefieder; wirkt recht dunkel und „farblos“.
Lebensweise Eng an naturnahe Nadelwälder gebunden, wo er Käferlarven und -puppen unter der Rinde hervorstochert. Hackt ringförmige Spuren in Fichtenstämme („Ringeln“) und trinkt die dort austretenden Baumsäfte.
Wissenswertes Sein Hauptverbreitungsgebiet in Europa sind die skandinavischen Nadelwälder. In Mitteleuropa nur in höheren Mittelgebirgslagen, in den polnischen Karpaten und in den Alpen.

Tipp für unterwegs

Ohne Schwanzspieße. Südlich verbreitete Schwalbe, die in den bayrischen Alpen ihre nördliche Verbreitungsgrenze erreicht.

Unterseite im Flug

Felsenschwalbe

APR–OKT

Ptyonoprogne rupestris

Merkmale 14–15 cm. Im Gegensatz zu allen anderen Schwalben einheitlich schlicht braun und mit kaum gegabeltem Schwanz.
Lebensweise Brütet und jagt in kleinen Kolonien an warmen, sonnigen Felswänden in Gewässernähe; zunehmend aber auch in städtischen Bereichen in Nachbarschaft von Mehlschwalben.
Wissenswertes Im Mittelmeerraum brütende Felsenschwalben sind Standvögel, d. h., sie bleiben auch im Winter in ihren Brutgebieten. Auch unter den Alpenbrütern gibt es immer wieder Überwinterungsversuche.

Alpendohle

JAN–DEZ

Pyrrhocorax graculus

Merkmale 36–39 cm. Unverwechselbar durch Kombination aus schwarz glänzendem Gefieder und relativ feinem, leuchtend gelbem Schnabel.
Lebensweise Bewohnt Hochgebirge oberhalb der Baumgrenze. Brütet an unzugänglichen Steilwänden, aber auch an Gebäuden. Lebt im Sommer von Insekten, Schnecken, Würmern und Aas, im Winter von Knospen, Beeren, Flechten und Abfällen.
Wissenswertes Alpendohlen haben sich vielerorts dem Menschen eng angeschlossen und profitieren von den Essensresten auf Schulhöfen, Berghütten und Seilbahnstationen.

Tipp für unterwegs

Mit gelbem Schnabel und orangeroten Beinen und Füßen. Verspielt und oft wenig scheu; profitiert vom Wintersport-Rummel.

Flugbild

Alpenkrähe

JAN–DEZ

Pyrrhocorax pyrrhocorax

Merkmale 36–39 cm. Schöne Krähe mit lackrotem Schnabel, Beinen und Füßen.
Lebensweise Sucht ihre Nahrung auf natürlichen Magerwiesen des Berglandes. Verlor mit dem Rückgang des Wanderhirtentums, der Düngung und Verdichtung des Bodens oder dem Umbrechen in Ackerland vielerorts ihre Nahrungsgrundlage.
Wissenswertes Junge Alpenkrähen mit noch nicht ausgefärbtem, gelblichem Schnabel können evtl. mit der Alpendohle (s. o.) verwechselt werden. Doch ist ihr Gefieder noch mattschwarz und die Eltern sind auch meist nicht weit.

Tipp für unterwegs

Mit langem, abwärts gebogenem Schnabel. Seltener Brutvogel Mitteleuropas; nur noch ein Restbestand von 40–60 Brutpaaren in der Schweiz.

Tannenhäher

JAN–DEZ

Nucifraga caryocatactes

Merkmale 32–35 cm. Dunkler Krähenvogel; aus der Nähe fallen die zahlreichen, weißen Tupfen auf dem Gefieder des Tannenhähers auf.
Lebensweise In Mitteleuropa Brutvogel in den Alpen und fichtenreichen Mittelgebirgen. Nahrungsspezialist, der zum Überwintern entweder die großen Samen aus den Zapfen der Zirbelkiefer braucht oder aber Fichtensamen in Kombination mit Haselnüssen.
Wissenswertes Tannenhäher legen im Herbst unterirdische Vorratskammern an, in denen sie bis zu 100 000 Samen verstecken. Diese Lager finden sie im Winter tatsächlich auch unter einer dicken Schneedecke wieder.

Tipp für unterwegs

Im Herbst und Winter trifft man Tannenhäher auch in Ortschaften, wo sie nach Haselnüssen suchen.

Tipp für unterwegs

Amsel mit weißem Latz. Bei uns nur in den Bergen und auf dem Durchzug; in Skandinavien und Großbritannien auch in Mooren und Heiden.

Weibchen

Ringdrossel

MÄRZ–OKT

Turdus torquatus

Merkmale 24–27 cm. Wie bei unserer Amsel Männchen (re.) schwarz, Weibchen braun, aber beide mit auffälligem, weißem Brustband (fehlt noch bei den Jungvögeln).
Lebensweise Brütet in Nadel- und Mischwäldern, die aber durch Lichtungen, Blockfelder oder Wiesen aufgelockert sein müssen, denn hier sucht die Ringdrossel nach Regenwürmern, Insekten und deren Larven. Ab Spätsommer sind Früchte wie Wacholder, Heidelbeere oder Holunder eine wichtige Nahrungsergänzung.
Wissenswertes Sitzt oft exponiert auf Felsen.

Tipp für unterwegs

Trotz bunter Färbung ist der aus Felswänden flötende Steinrötel oft nur schwierig auszumachen.

Steinrötel

APR–OKT

Monticola saxatilis

Merkmale 17–20 cm. Männchen (li.) im Prachtkleid prächtig bunt: mit blauem Kopf, orangerotem Bauch und weißem Rückenfleck. Weibchen (re.) schlichtbraun marmoriert, wie eine kleine Amsel mit rostrotem Schwanz.
Lebensweise In sonnigen Felslandschaften mit hohem Anteil an kurzrasiger Vegetation, wo er nach Raupen, Schnecken und Käfern sucht. Baut sein Bodennest an schwer zugänglichen Stellen zwischen Felsen.
Wissenswertes Langstreckenzieher, der südlich der Sahara überwintert. Der Steinrötel kehrt jedes Jahr an denselben Brutplatz zurück.

Tipp für unterwegs

Reißender, knisternder Gesang in der Dämmerung. „Rußig" mit ständig zitterndem, rostrotem Schwanz.

Hausrotschwanz

APR–OKT

Phoenicurus ochruros

Merkmale 23–24 cm. Männchen (li.) im Prachtkleid schwärzlich mit im Flug auffallendem, weißem Flügelfeld und rostrotem Schwanz, unscheinbareres Weibchen (re.) sanft braun mit rostrotem Schwanz.
Lebensweise Brutvogel an sonnigen Felslebensräumen, nutzt aber auch Häuser inmitten von Großstädten als Ersatzfelsen. Jagt Spinnen und Insekten, ab Spätsommer sind Früchte eine wichtige Nahrungsergänzung.
Wissenswertes Ursprüngliche Neststandorte sind kleine Felsnischen, doch an Gebäuden brütet der Hausrotschwanz auch auf Balken unter Dachüberständen, in Holzstößen oder an Satellitenschüsseln.

Tipp für unterwegs

Die „Fliegende Alpenrose" ist ein Freeclimber an steilen Felswänden. Unverwechselbar grau-schwarz-rot mit weißen Punkten auf den Flügeln.

Mauerläufer

JAN–DEZ

Tichodroma muraria

Merkmale 16–17 cm. Wirkt tropisch mit seinem langen, abwärts gebogenen Schnabel und den schmetterlingsartigen, bunten Flügeln.
Lebensweise Brütet in Felswänden, mitunter auch an Schlössern oder Ruinen. Flattert hier dicht an Wänden und Mauern entlang, wobei er Ritzen und Spalten nach Insekten und Spinnen absucht. Im Winter trifft man ihn gelegentlich auch im Tiefland an.
Wissenswertes Muss mittlerweile mit allzu vielen menschlichen Kletterern um gute Felswände konkurrieren. Zur Sicherung des recht kleinen, mitteleuropäischen Bestandes sollten sensible Gebiete dringend gesperrt werden.

Tipp für unterwegs

Lerchenartig mit rostbraunen Flanken und dunklem Flügelfeld. Brütet in Mitteleuropa nur inselartig in Hochgebirgsregionen.

Alpenbraunelle

JAN–DEZ

Prunella collaris

Merkmale 15–17 cm. Die Kombination aus feinem Insektenfresser-Schnabel, recht kräftiger Gestalt und bei näherer Betrachtung doch recht bunter Zeichnung schließen eine Verwechslung eigentlich aus.
Lebensweise Brutvogel in felsigem Gelände mit lückiger, kurzrasiger Vegetation, meist oberhalb der Baumgrenze. Die Alpenbraunelle hüpft am Boden umher und pickt nach Insekten, Samen oder Beeren.
Wissenswertes Schwesterart der im Flachland brütenden Heckenbraunelle (→ S. 42). Singt feldlerchenartig anhaltend melodisch und trillernd.

Tipp für unterwegs

Der Spatz, der zwischen Baumgrenze und dem ewigen Schnee lebt.

Oberseite mit auffälliger Weißzeichnung

Schneesperling

JAN–DEZ

Montifringilla nivalis

Merkmale 17–19 cm. Im Sitzen unscheinbarer Sperling, im Flug fallen große weiße Felder auf Flügeln und Schwanz auf, die ihn unverwechselbar machen.
Lebensweise Lebt da, wo es anderen Sperlingen zu kalt und ungemütlich ist: Auf Bergwiesen zwischen Schneefeldern und Geröll. Brütet in Fels- und Mauerspalten, ernährt sich von Sämereien und Insekten.
Wissenswertes Auch an Seilbahnstationen und an Berghütten halten sich oftmals Trupps von Schneesperlingen auf und im Winter besuchen sie gern Fütterungen.

Tipp für unterwegs

Im Gegensatz zu Wiesen- und Baumpiepern immer mit dunklen Beinen. Aufgescheucht steigt er mit einem scharfen „Mist!" in die Luft.

Bergpieper

JAN–DEZ

Anthus spinoletta

Merkmale 16–17 cm. Erinnert in Gestalt und Körperhaltung an eine schlicht gefärbte Stelze.
Lebensweise Brütet bevorzugt auf kurzrasigen Wiesen an Nord- und Westhängen zwischen Baumgrenze und ewigem Schnee. Sitzt oft exponiert auf Felsen, erbeutet Insekten und Spinnen.
Wissenswertes Im Winter kann man Bergpieper ganz regelmäßig an Fluss- und Seeufern in Flachländern nördlich der Alpen bis hinauf an die Nordseeküste beobachten; hierhin fliehen die Vögel vor dem schneereichen Winter im Hochgebirge.

Tipp für unterwegs

Meist wird man durch seine metallischen Rufe „dit ... dit" auf ihn aufmerksam. Braucht vielfältige, ungedüngte Bergwiesen.

Zitronenzeisig

JAN–DEZ

Carduelis citrinella

Merkmale 12–13 cm. Wie ein zierlicher Grünfink (→ S. 46), aber mit feinerem Schnabel, niedlichem Gesichtsausdruck, mausgrauem Nacken und ohne das leuchtend gelbe Flügelfeld des Grünfinks. Weibchen schlichter gefärbt.
Lebensweise In lichten Nadelwäldern oberhalb 1000 m Höhe, wo er meist auf Fichten brütet. Der Zitronenzeisig sucht aber überwiegend auf angrenzenden Wiesen nach Sämereien und Insekten. Im Winter stellen Kiefersamen seine Hauptnahrung.
Wissenswertes Nach der Brutzeit oft in Trupps oberhalb der Baumgrenze an Berghütten und Skipisten.

Tipp für unterwegs

Sieht mit dem blutroten Brust- und Stirnfleck auf den ersten Blick aus wie verletzt. Turnt meisenartig auf Bäumen herum.

Weibchen

Birkenzeisig

JAN–DEZ

Carduelis flammea

Merkmale 12–14 cm. Kaum größer als eine Blaumeise mit typischem „Zeisigschnabel": Kurz, kegelförmig und spitz.
Lebensweise In lichten Nadelwäldern oberhalb 1000 m Höhe mit angrenzenden Wiesen oder Weiden. Ernährt sich hauptsächlich von Samen, die er auf Bäumen (Fichte, Kiefer, Birke, Pappel) oder Gräsern und Kräutern (Mädesüß, Ampfer) findet. Nimmt auch Insekten als Zusatzkost.
Wissenswertes Brütet in Mitteleuropa nicht nur im Gebirge, sondern auch in Mooren, auf Friedhöfen, in Parks und sogar in Gärten. Ab Oktober fliegen in Mitteleuropa nahrungssuchende Birkenzeisige aus dem Norden ein.

In Siedlungen

Alle Arten im Überblick, die aus den natürlichen Lebensräumen kommen, aber auch in Dorf und Stadt leben.

Weißstorch S. 52

Ciconia ciconia

Baut sein mächtiges Nest auf Dächern, Kirchtürmen oder Masten. In sogenannten „Storchendörfern“ kann man Alt- und Jungvögel aus nächster Nähe beobachten.

Turmfalke S. 56

Falco tinnunculus

Brütet inmitten von Großstädten an Kirchtürmen und anderen hohen Gebäuden mit Nischen für sein Nest. Der Turmfalke fällt hier durch hohe Rufreihen „kikikiki ...“ auf.

Ringeltaube S. 12

Columba palumbus

Kräftige Waldtaube, die sich nicht selten unter Straßentauben mischt. Von diesen durch Größe, Halsringel und die weißen Flügelfelder (im Flug gut sichtbar) gut zu unterscheiden.

Straßentaube siehe S. 12 unten

Columba livia f. domestica

Abkömmling der wilden Felsentaube *Columba livia*, die an Felsklippen brütet. Straßentauben sind sehr variabel gefärbt, von Blaugrau über Braun und Schwarz bis zu ganz Weiß.

Türkentaube S. 62
Streptopelia decaocto

Wildtaube, die bis 1930 nur im Orient zu Hause war und heute schon fast ganz Europa besiedelt. Kleiner als Straßentaube und mit rosafarbenem Überflug.

Schleiereule S. 64
Tyto alba

Früher hatte jedes Dorf bei uns seine Schleiereule. Verlor durch Modernisierung von Scheunen und Kirchtürmen viele Brutplätze; Wiederansiedlung durch spezielle Nistkästen möglich.

Mauersegler siehe S. 162 oben
Apus apus

Keine Schwalbe! Typischer Großstadtbewohner; jagt wie ein Bumerang mit schrillen Schreien durch Häuserschluchten und nutzt hohe Gebäude als Ersatzfelsen zum Brüten.

Buntspecht S. 20
Dendrocopos major

Unser häufigster Specht; brütet auch in Parks und Gärten mit altem Baumbestand. Besucht im Winter gerne und regelmäßig Vogelfütterungen.

Eichelhäher S. 22

Garrulus glandarius

Im Sommer recht scheuer Waldbewohner; besucht aber nach der Brutzeit regelmäßig Parks, Friedhöfe und Gärten, wo er Eicheln als Wintervorrat sammelt.

Elster S. 68

Pica pica

Brütet mit zunehmender Ausräumung unserer Landschaft vermehrt in Parks, Gärten und auf Straßenbäumen. Ernährt sich besonders im Winter auch von Abfall und Aas.

Dohle S. 70

Coloeus monedula

Nutzt nischenreiche Gebäude in Großstädten als Ersatz-Felswände zum Brüten. Im Winter sieht man Dohlenschwärme auch an Müllkippen nach genießbaren Abfällen suchen.

Rabenkrähe S. 70

Corvus corone

Brütet seit einigen Jahren auch in Stadtparks und Gärten und sucht sogar im Innenstadtbereich nach Nahrung. Im Frühjahr oft in lärmenden Schwärmen.

Saatkrähe S. 70

Corvus frugilegus

Der größte Teil unserer Saatkrähen brütet heute in Städten, wo ihre Kolonien auf Bäumen sofort auffallen. Die Saatkrähe ist ein wichtiger Regulator von Schadinsekten.

Rauchschwalbe S. 74

Hirundo rustica

Mit langen Schwanzspießen und roter Kehle. Klebt ihre Lehmnester im Gegensatz zur Mehlschwalbe meist innerhalb der Viehställe an.

Mehlschwalbe S. 74

Delichon urbicum

Mit weißem Bauch und weißem Bürzel. Baut ihre Lehmnester außen an Gebäude, selbst an Tankstellen und mitten in Großstädten.

Schwanzmeise S. 28

Aegithalos caudatus

Brutvogel in Parks, auf Friedhöfen und in Gärten. Fällt durch ihre anhaltenden, schnirpsenden Rufe auf und durch den extrem langen Schwanz.

Weidenmeise S. 26

Parus montanus

Seltener in Gärten als die ähnliche Sumpfmeise. Erscheint an Fütterungen nur, wenn diese in der Nähe von größeren Waldgebieten oder Flussauen liegen.

Sumpfmeise S. 26

Parus palustris

Brütet entgegen ihrem Namen nicht im Sumpf, sondern in Wäldern und auch in Gärten mit ausreichend Büschen und Bäumen. Im Winter regelmäßig am Futterhaus.

Blaumeise S. 24

Parus caeruleus

Ganzjährig häufig in Parks und Gärten, wo ihr Vorkommen wesentlich vom Angebot geeigneter Nistkästen bestimmt wird. Lässt sich leicht ans Futterhaus locken.

Kohlmeise S. 24

Parus major

Brütet sogar in Großstadtzentren und Neubaugebieten mit noch weitgehend fehlendem Baumbestand. Nimmt an der Futterstelle gern Fettfuttergemische und Sonnenblumenkerne.

Zilpzalp S. 30

Phylloscopus collybita

Ein häufiger und dennoch nicht sehr bekannter Garten- und Parkbewohner, was wohl an seinem schlichten Äußeren liegt. Singt ausdauernd seinen Namen: „Zilp-zalp!"

Klappergrasmücke S. 78

Sylvia curruca

Brütet auf Friedhöfen, in Gartenstädten und in Kleingärten. Typisch ist ihr aus meist dichtem Gebüsch vorgetragener, klappernder Gesang.

Mönchsgrasmücke S. 28

Sylvia atricapilla

Häufigste Grasmücke mit laut flötendem Lied, das vom weniger geübten Ohr mit dem Gesang der Amsel verwechselt werden kann.

Seidenschwanz

Bombycilla garrulus

Wintergäste aus dem hohen Norden. Tauchen aber nur unregelmäßig in Mitteleuropa auf („Invasionsvögel"). In Parks und Gärten, wo Seidenschwänze wenig Scheu zeigen.

Kleiber S. 32

Sitta europaea

Immer an Stämmen älterer Bäume, auch in Gärten und Parks. Läuft pausenlos am Baumstamm rauf und runter (auch „kopfüber") und pickt dabei Insekten aus Rindenritzen.

Gartenbaumläufer S. 32

Certhia brachydactyla

Gut getarnt an Stämmen älterer Laubbäume, die er hüpfend erklimmt. Oben angekommen, fliegt er zum Fuß des nächsten Baumes.

Zaunkönig S. 34

Troglodytes troglodytes

Mausartig klein, meist in Wassernähe. Besonders im Winter häufig an Schuppen und Häusern, wo er frostsichere Nachtquartiere sucht. Der Zaunkönig singt auch im Winter.

Star S. 34

Sturnus vulgaris

Lässt sich durch Staren-Nistkasten leicht in den Garten locken. Nach der Brutzeit sind Stare in großen Schwärmen unterwegs, die sich bei Obstgartenbesitzern unbeliebt machen.

Amsel
S. 36

Turdus merula

Singt in der Morgendämmerung von fast jedem Hausdach, dann liegt der flötende Amselgesang wie ein klingender Teppich über verschlafenen Siedlungen.

Singdrossel
S. 36

Turdus philomelos

Brütet seltener im Siedlungsbereich als die überall häufige Amsel. Gern da, wo es Nadelbäume gibt; so hört man ihr „Kuhdieb! Kuhdieb!" oft auf Friedhöfen.

Wacholderdrossel
S. 36

Turdus pilaris

Meist in lärmenden Schwärmen, die auf Grünländereien nach Regenwürmern suchen. Im Herbst gerne an Stellen mit viel Fallobst.

Heckenbraunelle
S. 42

Prunella modularis

Fällt meist dadurch auf, dass sie exponiert oben auf einer Buschspitze sitzt und silberhell singt. Besonders gern auf der Spitze junger Fichten.

Grauschnäpper S. 38

Muscicapa striata

Schlicht grau mit sehr feinem Schnabel. Typisch: Fliegt von erhöhter Sitzwarte los, schnappt sich ein Insekt aus der Luft und landet wieder an demselben Platz.

Trauerschnäpper S. 38

Ficedula hypoleuca

Braucht zum Brüten Höhlen, die in unseren Wäldern aber Mangelware sind. So kommt der Trauerschnäpper auch in Gärten und brütet gerne in künstlichen Nistkästen.

Rotkehlchen S. 42

Erithacus rubecula

Ganzjährig in unterholzreichen Gärten anzutreffen. Im Winter sieht man es eher unter als im Vogelhaus sitzen – Rotkehlchen suchen ihre Nahrung lieber am Boden!

Nachtigall S. 40

Luscinia megarhynchos

Wer „unaufgeräumte" Gartenecken mit viel Gestrüpp duldet, wird vielleicht mit einer Nachtigall belohnt. Ihr nächtlicher Gesang ist einfach phänomenal.

Gartenrotschwanz
S. 40

Phoenicurus phoenicurus

Brütet gern in Obstgärten. Wo natürliche Baumhöhlen fehlen, helfen Nistkästen – aber bitte erst nach dem 25. April aufhängen, wenn er aus Afrika zurückgekehrt ist!

Hausrotschwanz
S. 166

Phoenicurus ochruros

Inmitten von Städten hört man seinen eigenartigen, rauen und knisternden Gesang noch vor Sonnenaufgang. Dabei sitzt der Hausrotschwanz gern ganz oben auf Dachfirsten.

Feldsperling
S. 82

Passer montanus

Meist scheuer als Haussperling. Brütet gern in Nistkästen oder in alten Schwalbennestern am Haus. Im Winter in Trupps an Futterplätzen, die sie schnell leerräumen.

Haussperling
S. 82

Passer domesticus

Wenig scheu und frech, meist in Trupps. Häufig in Städten, wo sie geduldig auf die übrigen Krümel von Cafébesuchern warten.

Bachstelze
S. 130

Motacilla alba

Ursprünglich war die Bachstelze wirklich an Bächen zu Hause. Doch die Vogelart ist so anpassungsfähig, dass sie heute auch inmitten von Städten erfolgreich brütet.

Buchfink
S. 44

Fringilla coelebs

Seinen schmetternden Gesang hört man selbst noch beim Stadtbummel – Buchfinken sind praktisch überall, wo ein Baum steht.

Kernbeißer
S. 44

Coccothraustes coccothraustes

Der versteckt lebende Kernbeißer fällt am ehesten im Winter am Futterhaus auf: Hier erkennt man ihn sofort an seinem mächtigen Schnabel.

Gimpel
S. 42

Pyrrhula pyrrhula

Brütet regelmäßig in Parks und Gärten, wo er mit seinem sanften Wesen und dem weichen, pfeifenden Gesang aber tatsächlich häufig übersehen wird.

Girlitz
S. 86
Serinus serinus

Quietscht wie ein alter Kinderwagen aus Baumkronen. Brütet gern in verstreut stehenden Nadelbäumen im Siedlungsbereich, in Alleen und Obstgärten.

Grünfink
S. 46
Carduelis chloris

Recht plump und auffällig; im Flug fällt das leuchtend gelbe Flügelfeld auf. Ruft häufig rollend „Grrüüüüü"; singt bereits ab Februar.

Erlenzeisig
S. 46
Carduelis spinus

Sehr gesellig, meist in Wassernähe, auch direkt in Siedlungen. Typisch: Turnen geschickt an äußersten Zweigen herum, wobei sie pausenlos schwätzen.

Bluthänfling
S. 88
Carduelis cannabina

In Gärten und Parks, die an offene Flächen angrenzen. Im Winter oft in gemischten Schwärmen mit anderen Finken; gelegentlich am Futterhaus zu beobachten.

Stunde der Gartenvögel

Mitmachen und gewinnen!
www.stunde-der-gartenvoegel.de

Jedes Jahr am zweiten Mai-Wochenende

NABU

Bildnachweis/Impressum

Bethge/Hecker 11.3; 35.3; 55.2; 55.3; 57.3; 63.2; 149.3b; 161.2; 165.2; 171.3; **Blickwinkel/Delpho** 178.1; **Blickwinkel/Hicken** 31.1; **Blickwinkel/Hoefer** 19.3; **Blickwinkel/Huetter** 155.1; **Blickwinkel/Janssen** 182.2; **Blickwinkel/Linke** 21.2; **Blickwinkel/McPhoto** 23.1; 69.2; 143.3a; **Blickwinkel/Skrypzak** 149.3a; **Blickwinkel/Woike** 75.2; 89.1; 143.3b; 171.2; 185.5; **Buchhorn/Hecker** 6; 17.1; 17.2; 33.2; 65.1; 77.2; 79.3; 87.3; 91.1; 111.1; 111.3; 113.2; 115.3; 185.8; **Diedrich** 11.2a; **Forsman/Limbrunner** 163.2; **Halley** 161.1; **Hecker** 1; 2/3; 7; 8/9; 11.2b; 21.1a; 21.1b; 23.2; 23.3; 25.1; 25.2; 27 alle; 29.1; 29.2a; 29.2b; 31.2; 31.3; 33.1; 33.3; 35.1; 37.1; 37.3; 39.1; 41.2; 41.3a; 41.3b; 43.1; 43.2; 45.1; 45.3; 47.1; 47.3a; 47.3b; 48/49; 51.1; 51.2b; 53.1; 53.3a; 53.3b; 55.1; 57.1; 59.2; 61.1; 61.3; 63.1; 63.3; 65.2; 65.3; 67.1; 67.2; 69.1; 69.3; 71 alle; 73 alle; 75.1; 75.3; 77.1; 77.3; 79.1; 79.2; 81 alle; 83 alle; 85.1; 85.3; 87.1; 87.2; 89.2; 89.3a; 89.3b; 91.2; 91.3; 92/93; 95 alle; 97 alle; 99.1; 99.2; 101.2; 101.3; 103 alle; 105 alle; 107 alle; 109 alle; 111.2; 113.1; 113.3; 119.1; 119.2; 119.3; 121.1; 121.3; 123.1; 123.3; 125.1; 125.3; 127.3; 129.2; 129.3; 131 alle; 132/133; 135.2; 135.3; 137.2a; 137.2b; 137.3a; 137.3b; 139.2; 139.3; 141 alle; 143.1; 143.2; 145.1; 147.1a; 147.1b; 147.2a; 147.2b; 149.1; 149.2b; 151 alle; 153 alle; 155.2; 155.3; 156/157; 159.1a; 159.2b; 165.1; 165.3; 167.2b; 167.3a; 167.3b; 169.3; 171.1; 172/173; 174.1; 174.2; 174.4; 175.5; 175.8; 176.1; 176.2; 176.3; 177.5; 177.6; 178.2; 178.3; 178.4; 179.5; 179.6; 179.7; 179.8; 180 alle; 181.5; 181.7; 181.8; 182.1; 182.3; 182.4; 183.5; 183.7; 183.8; 184.1; 184.2; 184.3; 185.6; 185.7; **Höfer** 53.2a; **Hortig/Limbrunner** 15.1; 21.3; 29.3; 39.3; **Hüttenmooser/Limbrunner** 169.1; **Limbrunner** 13.2; 15.2; 17.3; 19.1; 19.2; 25.3; 41.1; 53.2b; 57.2; 59.1; 115.1; 115.2a; 115.2b; 117.2; 117.3; 123.2; 125.2; 127.1a; 127.1b; 127.2; 139.1; 159.1b; 163.1a; 163.1b; 163.3; 167.1; 169.2; 175.6; **Marquez/Silvestris** 161.1; **Mestel/Hecker** 11.1; 13.1; 13.3; 35.2; 37.2; 39.2; 43.3a; 43.3b; 45.2; 47.2; 51.2a; 51.3; 61.2; 85.2; 101.1; 117.1; 121.2; 129.1; 137.1a; 145.2; 145.3; 149.2a; 159.2a; 159.3; 161.3; 174.3; 177.8; 184.4; **Sauer/Hecker** 15.3; 59.3; 67.3; 99.3; 135.1; 137.1b; 147.3; 175.7; **Schmidt/Limbrunner** 167.2a; **Zeininger** 181.6; 183.6; **Ziesler** 177.7

Mit 317 Farbfotos von Bethge/Hecker (10); Blickwinkel/Delpho (1); Blickwinkel/Hicken (1); Blickwinkel/Hoefer (1); Blickwinkel/Huetter (1); Blickwinkel/Janssen (1); Blickwinkel/Linke (1); Blickwinkel/McPhoto (3); Blickwinkel/Skrypzak (1); Blickwinkel/Woike (5); Buchhorn/Hecker (14); Diedrich (1); Forsman/Limbrunner (1); Hecker (201); Höfer (1); Hortig/Limbrunner (4); Hüttenmooser/Limbrunner (1); Limbrunner (28); Marquez/Silvestris (1); Mestel/Hecker (28); Sauer/Hecker (7) ; Schmidt/Limbrunner (1); Zeininger (2); Ziesler (1)

Das Bild auf S. 1 zeigt einen Star, die Aufnahme auf S. 2/3 zeigt einen Weißstorch, beide von Frank Hecker.

108 Farbzeichnungen von Paschalis Dougalis, 12 Symbole von Wolfgang Lang

Umschlaggestaltung von eStudio Calamar. Das Bild auf der Vorderseite zeigt eine Blaumeise (Foto: Jari Peltomäki/birdphoto.fi), die Bilder auf der Rückseite von links nach rechts Silbermöwe, Waldohreule, Rotkehlchen (alle 3 Fotos von Frank Hecker).

Unser gesamtes lieferbares Programm und viele weitere Informationen zu unseren Büchern, Spielen, Experimentierkasten, DVDs, Autoren und Aktivitäten finden Sie unter **www.kosmos.de**

Gedruckt auf chlorfrei gebleichtem Papier

FSC
www.fsc.org
MIX
Papier aus verantwortungsvollen Quellen
FSC® C015829

2. Auflage

ISBN 978-3-440-13147-3
Redaktion der Neuausgabe: Stefanie Tommes
Layout: eStudio Calamar
Produktion: Markus Schärtlein, Charlotte Stiefel
Printed in Italy/Imprimé en Italie